天体观测之窗

高立来 编著

Wuhan University Press
武汉大学出版社

前　言
PREFACE

　　天文学是观察和研究宇宙间天体的学科，它研究的是天体分布、运动、位置、状态、结构、组成、性质及起源和演化等，是自然科学中的一门基础学科。天文学的研究对象涉及宇宙空间的各种物体，大到月球、太阳、行星、恒星、银河系、河外星系以至整个宇宙，小到小行星、流星体以至分布在广袤宇宙空间中的各种尘埃等，因此充满了神秘的魅力，是我们未来科学发展的前沿，必将引导我们时代发展的潮流。

　　太空将是我们人类世界争夺的最后一块"大陆"，走向太空，开垦宇宙，是我们未来科学发展的主要方向，也是我们未来涉足远行的主要道路。因此，感知宇宙，了解太空，必定为我们未来的人生沐浴上日月辉映的光芒，也是我们走向太空的第一步。

宇宙的奥秘是无穷的，人类的探索是无限的，我们只有不断拓展更加广阔的生存空间，破解更多的奥秘谜团，看清茫茫宇宙，才能使之造福于我们人类的文明。

　　宇宙的无限魅力就在于那许许多多的难解之谜，使我们不得不密切关注和发出疑问。我们总是不断地去认识它、探索它，并勇敢地征服它、利用它。古今中外许许多多的科学先驱不断奋斗，将一个个奥秘不断解开，并推进了科学技术的大发展，但同时又发现了许多新的奥秘现象，不得不向新的问题发起挑战。

　　为了激励广大读者认识和探索整个宇宙的科学奥秘，普及科学知识，我们根据中外的最新研究成果，特别编辑了本套丛书，主要包括天文、太空、天体、星际、外星人、飞碟等存在的奥秘现象、未解之谜和科学探索诸内容，具有很强的系统性、科学性、前沿性和新奇性。

　　本套系列作品知识全面、内容精练、文章短小、语言简洁，深入浅出，通俗易懂，图文并茂，形象生动，非常适合广大读者阅读和收藏，其目的是使广大读者在兴味盎然地领略宇宙奥秘现象的同时，能够加深思考，启迪智慧，开阔视野，增加知识，能够正确了解和认识宇宙世界，激发求知的欲望和探索的精神，激起热爱科学和追求科学的热情，掌握开启宇宙的金钥匙，使我们真正成为宇宙的主人，不断推进人类文明向前发展。

目录
CONTENTS

太阳的真面目

太阳有多远

在宇宙天体中，太阳是最引人注目的。人们虽然同太阳几乎天天见面，但由于它时刻发射着刺眼的光芒，所以很难看清它的真面目。那么，今天就让我们一起来看一看太阳的真面目吧！

太阳距地球大约有1.5亿千米。可不要小看这个数字，它却离我们这个地球很遥远，如果我们乘坐每小时2000千米速度的超音速飞机奔向太阳，也得花8年半的时间才能到达。太阳发出的光以每秒30千米的速度传播，到达地球也得8分20秒钟。也就是说，我们在地球上任何时候看到的太阳光都是太阳在8分20秒钟以前发出来的。

太阳有多大

太阳的大是难以用语言来形容的，相信只有数字才能真正体现出太阳到底有多大。太阳的直径为150万千米，是地球直径的

109倍。如果把地球设想为一个软泥球，那么就需要有130万个这样大小的泥球搓在一起，才能搓成与太阳一般大的球。

太阳的构成

或许有人会问，这么巨大的球体究竟是由什么东西构成的呢？我们可以通过太阳清晨初升时，那一轮红日的样子，以及它散发出的巨大热量，联想到它像一个被烧得火红炽热的铁球。但是让人意想不到的是，太阳从表面到中心全都是由气体构成的。其中，最多的是氢和氦之类的轻质气体。当然，并不是说，其中就没有铁和铜之类的金属。

据科学预测，太阳表面的温度就有6000摄氏度，中心温度更高，可达1500万度左右。在这样惊人的温度之下，任何东西都会被化成气体。据光谱分析，太阳中除了含有大量的

氢，还含有氦、氧、铁等70多种元素。太阳虽然完全是由气体组成的，可是气体在高温高压之下，越到内部被挤压得越紧密，在中心部分气体的密度竟比铁还多13倍。太阳的重量相当于地球的33.3万倍。

我们知道，太阳是由气体构成了，那么它为什么不向四面八方的宇宙空间逸散呢？这是因为太阳的质量很大很大，而且它本身有着强大的引力，这样就会紧紧地拉住要逃散的气体。其实，太阳在这一点上和地球一样，地球自身有很大的引力把其周围的大气圈紧紧拉住，而不会散失一样。

太阳的形状

太阳空间是什么样子呢？也许有人会答：是一个发光的圆球。其实，人们用肉眼看到的那个发光的圆球，并不是太阳的全貌，而只不过是太阳的一个圈层。人们把太阳发出强光的球形部分叫作"光球"。通常人们所能看到的只是这个光球的表面。在

光球的表面常常会出现一些黑色的斑点，这是光球表面上翻腾着的热气卷起的旋涡，人们称它为"黑子"。

这些黑子的大小不一，小的直径也有数百至1000米，大的直径可达100000千米以上，里面可以装上几十个地球。黑子有的是单个的，但一般情况都是成群结队出现的。在这里，我们所说的黑子，其实它并不黑。黑子的温度高达4000摄氏度至5000摄氏度，也是很亮的。那么，为什么叫它黑子呢？这是因为光球表面的光比黑子更亮，所以在光球的衬托下，它才显得暗。在太阳光球表面上，我们还可以看到无数颗像米粒一样大小的亮点，人们称它们为"米粒组织"。它们是光球深处的一个个气团，被加热后膨胀上升到表面形成的，它们很像沸腾着的稀粥表面不断冒出来的气泡。这些"米粒"的直径平均为1200千米左右，相当我国青海省那么大。由此可见，光球的表面并不是很平静，如果说"米粒组织"是光球这一片火海上汹涌的波涛，那么黑子就是太阳上巨大的风暴。

太阳的光环

太阳光球外面的部分是我们用肉眼看不见的。只有当日全食时，光球被月亮遮住了，变成了一个黑色的太阳，我们才能看到紧贴光球的外面包着一层玫瑰色的色环，厚度大约有10000千米。人们把包在光球外面的这个圈层叫作太阳的"色球层"。色球层相当于太阳的大气部分。

如果再仔细观察，就会发现像火海一般的色球层表面，往往会突然向外喷出高达几万千米的红色火焰，其火焰的形状有时像一股股喷泉，有时则呈圆环状，还有的呈圆弧形，也有的像浮云一样漂浮在色球层的上空。我们把这种现象叫作"日珥"，其实它就是温度很高的气团。

在色球层和日珥的外围，还有一层珍珠色的美丽光芒，我们称它为"日冕"。日冕逐渐过渡到星际空间，外边界难以确定，它可向空间延伸百万千米。日冕也没有一定的形状，它的高度和形状都随着光球上黑子出现的多少而变化。日冕也发光，但比太阳本身要暗淡得多，所以通常看不见它，只有在日全食时才能看到。日冕也叫作太阳白光，是一种稀薄的气体，扩散在太阳周围。这种气体也和光球一样，绝大部分是氢气，掺杂着一些氦气。同样，日冕的温度也很高，大约有100万摄氏度。

太阳的运动

太阳是太阳系的中心，但它并不像哥白尼说的那样是静止不动的。太阳除了围绕银河系的中心公转以外，还不停地自转。但是，由于太阳是个气态球，它的自转不像固态的地球那样整体旋转。人们通过观测太阳黑子的移动，知道太阳赤道附近转得快，越接近两极转得越慢。可见，太阳表面各处的自转周期是不一样的。在赤道上，太阳自转一周需25天，在纬度45度处则需要28天，在纬度80度处需要34天。

我们知道，太阳表面的温度很高，人类的任何探测器都无法靠近它。我们现在所了解的只是通过光谱分析所得。所以说，对于今天的我们来说，还没有完全揭开太阳的真面目。

小知识大视野

太阳是距离地球最近的恒星，是太阳系的中心天体。太阳系质量的99.87%都集中在太阳上。太阳系中的八大行星、小行星、流星、彗星、外海王星天体以及星际尘埃等都围绕着太阳运行。

变幻莫测的太阳

惊现蓝色太阳

1965年的春天，北京的上空出现了一次特大的沙尘暴，倾刻间天昏地暗，黄沙滚滚，粉末似的黄土从空中洒落下来。顿时，人们发现一个奇怪的现象，太阳忽然失去了耀眼的光芒，变成了蓝莹莹的颜色，沙尘暴过后才慢慢恢复原状。

1883年，印尼喀拉喀托火山爆发，火山灰飘到地球大气层高处，当夜人们看到的月亮也是蓝色的颜色。

绿太阳奇观

如果运气好，还可以观赏到绿太阳。七彩光轮相互重叠产生白光，在太阳的上下边缘，光轮的颜色不混合，在太阳的上缘呈蓝色和蓝绿色。这两种光轮穿过大气层时的命运不同。

蓝光受到强烈散射，几乎看不见，而绿光就可以自由地透过大气。正因为如此，就可以看到绿色的太阳。

太阳变蓝的原因

太阳光大多是氢氦原子的电离光波，接近蓝色频区。因为它太亮，所以看起来是白色的。在穿过大气层的时候，被空气吸收产生频率红移。在早晚看太阳是红色的就是这个原因。在沙尘暴天气，空气中沙尘粒子对红色光波的吸收能力较强，所以太阳看起来发生的是微弱的蓝色。

从天文科学的观点分析，月亮颜色与其反射太阳光的原理有关。在通常情况下，月亮呈现出珍珠白的颜色，有时可见淡黄色。月亮只有在一定情况下呈现出蓝色。

据物理学家介绍，如果大气层中悬浮有大量的灰尘颗粒，并且大气中还得夹杂着小水珠的情况，看上去月亮才会是蓝色的。

观看绿太阳的条件

看见绿太阳，需要天时、地利、人和。

天时：是指日落时，太阳黄白色光没多大变化并且在落山时鲜艳明亮，就是说大气对光的吸收不大，而且是按比例进行的。

地利：是指观测点适当，站在小山丘上，远处地平线必须是清晰的，如近处没有山林、没有建筑物遮挡，例如车大草原上。

人和：在太阳未落到地平线时，不能正视太阳。当太阳快要沉没时，只留下一条光带，就应目不转睛地注视太阳，享受美妙的一瞬间，也就是观看绿色闪光的时刻。虽然它的出现不会超过3秒钟，但留下的印象却永生难忘。

我国古代人的观察

在我国，传说在公元前27世纪帝尧时，已经有了专司天文的官员羲和负责观象授时，由于有一次预报日食出了差错，而被帝尧处以死刑。帝尧还派羲仲到山东半岛去祭祀日出，目的是为了祈祷农耕顺利。当时已经用太阳纪年了，一年为365天。

公元前600年左右的春秋时代，人们能够用土圭观测日影长短的变化，以确定冬至和夏至的日期。在我国的甲骨文上还有世界最早的日食记录，即发生在公元前1200年左右。大约从魏晋时期开始，就能比较准确地预报日食了，并且逐渐形成了一套独特的方法和理论，这也是我国天文学史上的一项重要成就。

太阳对于地球上的人们，乃至地球上的一切来说，无疑是非常重要的。把太阳作为远离地球的天体来研究已经有了日新月异的发展，从而使我们对拥有的太阳知识也日益丰富和准确起来。

发现四方形太阳

我们所看到的太阳总是圆的，但有人确实见到过方形的太阳。1939年的夏天，学者查贝尔来到高纬度地带观察夕阳的变化。他希望能够看到一种奇异的景象，然而3个月过去了却什么也没看到。

9月13日傍晚，查贝尔照常观测着太阳。就在太阳快要落下去的时候，奇景出现了：又大又圆的太阳变成了椭圆形，不久太阳的下侧像被刀切过一样，变成了一条和地面平行的直线。

接着，上面一侧的圆弧也渐渐变得平直，最后也成了一条直线，太阳变成了一个四方形的太阳。查贝尔兴奋极了，迅速按动照相机的快门，拍下这一珍贵的镜头。

查贝尔的发现引起了许多人的关注，他们争先恐后地赶到这一地区来观看奇景。但是，看到这一奇景的机会并不会太多，拍摄下的照片就更少了。日本学者在北极地区有幸目睹了这一奇观，并拍下了太阳由圆变方的一系列镜头。

再次惊现方太阳

2003年10月18日17时，湖南省长沙一中初三学生邓棵无意间看到一个奇特的天象：天上的太阳竟然是方的。邓棵家住开福区松桂园附近。当时，他做完作业到外面休息，抬头看了看夕阳，突然发现有点儿不对头，太阳好像有点儿偏方形。于是，邓棵拿起随身携带的数码相机，对准太阳进行了变焦拉近，结果发现太阳下部像被削平一般类似方形。他跟踪了约3分钟，找准时机拍摄下来了一个最接近方形的太阳。

邓棵回去查找有关资料，得知这种罕见的奇观最早在1933年被美国的查贝尔拍到过，1978年日本人掘江谦也曾拍下来。后来，我国也有人看见过方形的太阳，但没拍摄下来。

方太阳形成原因

我们所看到的太阳总是圆的，但有人确实见到过方形的太阳。1933年9月13日日落时，学者查贝尔在美国西海岸还拍下了有棱有角的方太阳照片。当时太阳并没有被云彩遮住，为什么会变成方形的呢？因为方形太阳是由变幻莫测的大气造成的。在地球的南北两极，靠近地面和海面的空气层温度很低，而上层空气的温度高，从而使得下层空气密集，上层的空气比较稀薄。

大气层有厚度，阳光透过大气层产生折射，日出和日落时太阳接近地平线表面，位置比平常低，是由于角度的关系，而地平线上时常有遮挡物，比如树、房屋、建筑，在海平面上没有这些，所以就看得清楚了。日落期间，当光线通过密度不同的两个空气层时，由于光的折射，它不再走直线，而是弯向地面一侧。

太阳上部和下部的光线都被折射得十分厉害，几乎成了平行于地平线的直线，便成了奇妙的方太阳。

目前，方太阳的成因尚无定论。有的专家认为是空气折射造成的，一般发生在夏秋季节的落日时；也有人认为这是一种海市蜃楼的虚幻景象。究竟哪种说法对？有待科学家进一步研究。

小知识大视野

羲和被称为我国的太阳女神，东夷人祖先帝俊的妻子，生了10个太阳。羲和又是太阳的赶车夫。因为有着这样不同寻常的本领，所以在上古时代羲和又成了制订时历的人。

太阳夜出奇观

晚上出现的太阳

在现代，"太阳夜出"的现象曾频频出现。

1981年8月7日晚，四川省汉源县宜东区某村，人们在村旁的凉亭里乘凉时发现天空越来越亮，一个红红的火球从西面的山背后爬出来，放射出耀眼的光芒。

1989年8月7日晚，江苏省兴化市唐刘乡姜家村西南方向约

1000米远，20米高的空中，出现了一个圆圆的火球，像太阳一样，放射出耀眼的光芒，河水都被映得火红一片，持续了10多分钟。当时那个村有近1000人亲眼目睹了这一奇观，但人们并不知道太阳夜出的原因。

外国的太阳夜出现象

1596年至1597年的冬天，航海家威廉·伯伦兹到达北极的新地岛时，恰好遇到了长达176天的极夜。

威廉和船员们无法航行，只好耐心等待极昼的到来。然而，在离预定日期还有半个月时，一天，太阳突然从南方的地平线喷薄而出。人们惊喜万分，纷纷收拾行装准备航行，可是转眼之间，太阳又落入了地平线，四周重新又笼罩在漆黑

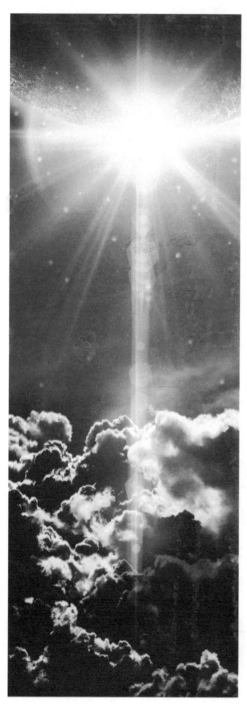

天文科学丛书

的夜色中。

太阳夜出的原因

事实上这是不可能的。气象专家分析认为，夜里出现的太阳其实是一个圆形的极光，即冕状极光。

专家解释，太阳表面不断向外发出大量的高速带电粒子流，这些粒子流受到地球磁场的作用，闯进地球两极高空大气层，使大气中粒子电离发光，这就是极光。

当太阳活动强烈，发出的带电粒子流数量特别多、能量特别大时，大气受到带电粒子撞击的高度就会升高，范围就有可能向中低纬度地区延伸。

在天气晴好的夜间，一种射线结构的极光扩散为圆形的发光体，并且快速移动，亮度极大，由此被人们误认为是太阳出现。也有的专家认为，夜出太阳其实是一种光学现象，到底是怎么回事，至今仍是个谜。

 小知识大视野 ◆◆◆◆◆◆◆◆◆◆◆◆◆◆

《汉书·地理志》记载：西周末期，莱国首都地区的人们突然看到太阳出现在夜空，照耀得四周如同白昼。大臣说说这是国家兴盛的预兆，因此该地区被命名为"不夜县"。

太阳极光和太阳极羽

地球上的极光

1958年2月10日夜间的一次特大极光，在热带地区都能见到，而且显示出鲜艳的红色。这类极光往往与特大的太阳耀斑爆发和强烈的地磁暴有关。

2000年4月6日晚，在欧洲和美洲大陆的北部出现了极光景象。在地球北半球一般看不到极光的地区，甚至在美国南部的佛罗里达州和德国的中部及南部广大地区也出现了极光。当夜，红、蓝、绿相间的光线布满夜空中，场面极为壮观。

2003年10月30日，美国匹兹堡市出现了极光。虽然是在污染严重的市内，但仍能看到红色的光芒。

2003年11月20日傍晚，极光出现在匹兹堡南方地平线，一小时后消退，半夜时又出现在北方低空。2004年11月7日晚，较强极光出现在美国匹兹堡，肉眼能看出绿色、红色。

极光的形态和颜色

极光没有固定的形态，颜色也不尽相同，颜色以绿、白、黄、蓝居多，偶尔也会呈现艳丽的紫色，曼妙多姿又神秘难测。

极光有时出现时间极短，犹如节日的焰火在空中闪现一下就消失的无影无踪；有时却可以在苍穹之中辉映几个小时；有时像一条彩带；有时像一张五光十色的巨大银幕；有的仅呈银白色，犹如棉絮、白云，凝固不变。有的结构单一，形状如一弯弧光，呈现淡绿、微红的色调；有时极光出现在地平线上，犹如晨光曙色；有时极光如山茶吐艳，一片火红；有时极光密聚一起，犹如窗帘幔帐；有时它又射出许多光束，宛如孔雀开屏，蝶翼飞舞。

虽然目前科学家已了解极光，但极光仍留下许多难解的问题值得人们继续探索。

极光形成的看法

长期以来，极光的成因机理未能得到满意的解释。在相当长一段时间内，人们一直认为极光可能是由以下3种原因形成的。

一种看法认为，极光是地球外面燃起的大火，因为北极区临近地球的边缘，所以能看到这种大火。

另一种看法认为，极光是红日西沉后透射反照出来的光辉。

还有一种看法认为，极地冰雪丰富，它们在白天吸收阳光，贮存起来，到夜晚释放出来，便成了极光。

　　直至20世纪60年代，将地面观测结果与卫星和火箭探测到的资料结合起来研究，才逐步形成了极光的物理性描述。

极光的传说

　　极光这一术语来源于拉丁文伊欧斯一词。传说伊欧斯是希腊神话中"黎明"化身，是希腊神泰坦的女儿，是太阳神和月亮女神的妹妹，她是北风等多种风和黄昏星等多颗星的母亲。

　　极光还曾被说成是猎户星座的妻子。在艺术作品中，伊欧斯被说成是一个年轻的女人，她不是手挽个年轻的小伙子快步如飞地赶路，便是乘着飞马驾挽的四轮车，从海中腾空而起；有时她还被描绘成一个女神，手持大水罐，伸展双翅，向世上施舍朝露，如同我国佛教故事中的观音菩萨，普洒甘露到人间。

爱斯基摩人认为极光是鬼神引导死者灵魂上天堂的火炬，原住民则视极光为神灵现身，深信快速移动的极光会发出神灵在空中踏步的声音，将取走人的灵魂，留下厄运。

极光产生的原理

太阳极光是原子与分子在地球大气层最上层，距离地面100千米至200千米处的高空运作激发的光学现象。由于太阳的激烈活动放射出无数的带电微粒，当带电微粒流射向地球进入地球磁场的作用范围时，受地球磁场的影响，便沿着地球磁力线高速进入到南北磁极附近的高层大气中，与氧原子、氮分子等质点碰撞，因而产生了"电磁风暴"和"可见光"的现象，就成了万众瞩目的极光。

现代理论认为，极光是地球周围的一种大规模放电的过程。来自太阳的带电粒子到达地球附近，地球磁场迫使其中一部分沿着磁场线集中到南北两极。当他们进入极地的高层大气时，与大气中的原子和分子碰撞并激发，产生光芒，形成极光。关于极光的产生，众说纷纭，无一定论，还有待科学家的深入研究。

太阳的羽毛

1997年3月9日发生在我国北方漠河的日全食，让每一位亲临现场的观众都大开眼界，就在那一瞬间，明亮的天空被一道黑幕合上，太阳被月影完全遮掩。此时，人们惊异地看到了"黑太阳"周围一团白色的光圈，而且在太阳的上下两极地区，这层光圈内竟排列着一道道散发状羽毛样的东西。那么，太阳怎么会生出羽毛呢？

日冕的特征

在日全食发生时，平时看不到的太阳大气层就暴露出来了，它就是日冕。日冕可从太阳色球边缘向外延伸到几个太阳半径处，甚至更远。人们曾形容它像神像上的光圈，它比太阳本身更白，外面的部分带有天穹的蓝色。

日冕主要由高速自由电子、质子及高度电离的离子，即等离子体组成。其物质密度小于$2×10^{-12}$千克/立方米，温度高达$1.5×10^6$至$2.5×10^6$K。

由于日冕的高温低密度，使它的辐射很弱并且处于非局部热动平衡状态，除了可见光辐射外，还有射电辐射、X射线、紫外、远紫外辐射和高度电离的离子的发射线，即日冕禁线。

日冕的形状同太阳活动有关。在太阳活动极大年日冕接近圆形，在太阳活动极小年呈椭圆形而在太阳宁静年呈扁形，赤道区较为延伸。日冕的直径等于太阳视圆面直径的1.5倍至3倍以上。

日冕与极羽

日冕的形状是有变化的。人们通过观察发现，自19世纪末以来，日冕的形态随太阳黑子活动的周期约有11.2年，在两个极端的类型之间变化。

在太阳活动极盛时期，日冕的形状是明亮的，有规则的，近于圆形，精细结构，比如极羽并不显著。可是在太阳活动的极衰时期，就其整体来说，日冕没有那样明亮。但在太阳表面赤道附近，日冕的光芒底层却在扩大，上面分成丝楼，呈刀剑状伸向几倍太阳直径那样远的地方。

有人于1848年在高山上观测一次极衰期的日全食，看见这些光芒伸长到离地面1500万千米以外的地方。除了上述特征之外，极衰期的日冕往往在两极表现出一种像刷子上的一簇簇羽毛样的结构，人们叫它极羽。

极羽形成的原因

极羽现在已被科学家们归纳为日冕中比背景更亮的两种延伸结构之一，出现在太阳表面的两极区域。它的性质人们还未完全弄清。一般认为，聚集在太阳极区的日冕等离子气体由起着侧壁作用的磁场维持其流体静力学平衡，并因此形成极羽。

极羽的形状酷似磁石两极附近的铁屑组成的图案，这种沿着磁力线的分布说明太阳有极性磁场，并可据此画出太阳的偶极磁场来。

小知识大视野

日冕分为内冕、中冕和外冕3层。内冕从色球顶部延伸至1.3倍太阳半径处；中冕从1.3倍太阳半径至2.3倍太阳半径，也有人把2.3倍太阳半径以内统称内冕；大于2.3倍太阳半径处称为外冕。

活跃的太阳日珥

人类早期的观测

太阳与人类的关系最密切，它本身有着数不清的谜，日珥之谜就是其中的一个。在发生日全食时，人们可以清楚地看到，在色球层中不时有巨大的气柱腾空而起，像一个个鲜红的火舌，这就是日珥。

1239年，天文学家在观测日全食时就观测到了日珥，并称其为"燃烧洞"；1733年观测日珥时，将其称作"红火焰"；1824年观测日珥时，日珥又被想象成太阳上的山脉。

1842年7月8日，日全食的观测留下了最早的、明确的日珥观测记录。1860年7月18日，日全食时拍摄了日珥的照片。1868年8月18日，日全食时拍到日珥的光谱，确定日珥的主要成分是氢。

人们对日珥的认识

1868年，法国的让桑和英国的劳基尔分别引进了光谱技术，人们对日珥的外形才有了明确的认识。

日珥是在太阳的色球层上产生的一种非常强烈的太阳活动，是太阳活动的标志之一。日珥一般长达20万千米，厚约5000千米，其腾空高度可达几万至几十万千米，甚至百万千米以上。

日珥可分为3类：宁静日珥、活动日珥和爆发日珥。宁静日珥喷发速度达每秒10000多米，能存在几个月之久；而爆发日珥的喷射速度每秒钟可达几百千米，但存在时间极短。

由于日珥腾空高度有时达数百万千米，实际上它已进入日冕层。日冕层的温度极高，甚至可达100万摄氏度以上，日珥的温度也很高，在10000摄氏度左右。它们不仅温度差别悬殊，密度差别也很大，日珥的密度是日冕的几千倍，令人奇怪的是当日珥冲入日冕层时，既不坠落，也不消融，而是能和平相处在一起。

日珥的剧烈运动

日珥的运动很复杂，具有许多特征。例如，在日珥不断地向上抛射或落下时，若干个节点的运动轨迹往往是一致的；当日珥离开太阳运动时，速度会不断增加，而这种加速是突发式的，在两次加速之间速度保持不变；在日珥节点突然加速时，亮度也会增加。对于这些现象还没有满意的解释。

活动日珥和爆发日珥的速度可高达每秒几百千米，动力从何而来？日珥运动往往突然加速，甚至宁静的日珥会一下子转变为活动日珥，原因是什么呢？这些问题都有待于进一步研究。一般认为，除重力和气体压力外，电磁力在日珥运动中是一个重要因素。日珥运动状态的突变可能与磁场的变化有关。

日珥的分布

日珥在太阳南、北两半球不同纬度处都可能出现，但在每一半球都主要集中于两个纬度区域，而以低纬度区为主。低纬区的日珥的分布按11年太阳活动周不断漂移。

在活动周开始时，日珥发生在30度至40度范围内，然后逐渐移向赤道，在活动周结束时所处的纬度平均约为17度。高纬度区的日珥并不漂移，都在45度至50度范围内。日珥的数目和面积都与11年的太阳活动周有关，随黑子相对数而变化。但变化幅度没有黑子相对数那样大。日珥的上升高度约几万千米，大的日珥可高于太阳表面几十万千米，一般长约20万千米，个别的可达150万千米。日珥的亮度要比太阳光球层暗弱得多，所以平时不能用肉眼观测到它，只有在日全食时才能直接看到。

日珥是非常奇特的太阳活动现象，其温度在4726摄氏度至7726摄氏度之间，大多数日珥物质升到一定高度后，慢慢地降落到太阳表面上，但也有一些日珥物质漂浮在温度高达199万摄氏度的日冕低层，即不浮落，也不瓦解，就像炉火熊熊的炼钢炉内居然有一块不化的冰一样奇怪。而且，日珥物质的密度比日冕高出1000倍至10000倍，两者居然能共存几个月，实在令人费解。

科学家的解释

有科学家解释，太阳磁场具有隔热作用，它包裹住日珥，使两者无法进行热量交换。但是，人们发现，有些日珥并非是从大气层的低层喷射上去的，而是在日冕高温层中"凝结"出来，而有些日珥还在顷刻间就烧完乃至全无踪影，这种凝结现象和突变现象让人无法解释。

此外，空无一物的日冕怎么会突然出现日珥呢？据计算，全部日冕的物质也不够凝结成几个大日珥，它们很可能是取自色球的物质。但这些猜测尚未得到证实，所以关于日珥的一切还是个谜。

小知识大视野

日全食时太阳完全被月球遮住，"黑夜"突然来临。在"黑太阳"周围镶着一个红色的光环，这就是太阳的色球层。天文学家形容太阳色球层像是"燃烧着的草原"，那上面许多细小的火舌就叫作"日珥"。

奇特的太阳黑子

什么是太阳黑子

太阳黑子是在太阳的光球层上发生的一种太阳活动，是太阳活动中最基本、最明显的活动现象。在太阳的光球层上有一些旋涡状的气流，像是一个浅盘，中间下凹，看起来是黑色的，这些旋涡状气流就是太阳黑子。黑子本身并不黑，之所以看得黑是因

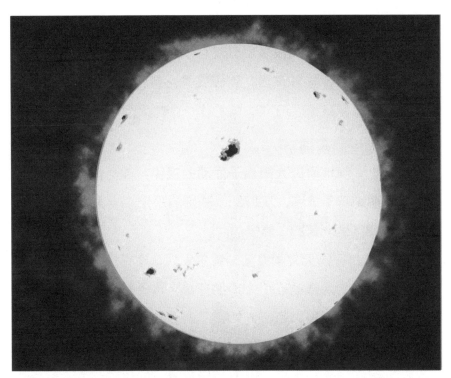

为比起光球来，它的温度要低一两千摄氏度，在更加明亮的光球衬托下，它就成为看起来像是没有什么亮光的、暗黑的黑子了。

太阳黑子由暗黑的本影和在其周围的半影组成，形状变化很大，最小的黑子直径只有几百千米，没有半影，而最大的黑子直径比地球的直径还大几倍。黑子的重要特性是它们的磁场强度，黑子越大，磁场强度越高，大黑子的磁场强度可达4000高斯。

观测太阳黑子

早在我国古代，当时的人们就已发现了黑子的存在。1610年，伽利略发现了太阳黑子现象。从此，人类开始了对太阳黑子活动的探索。1926年，德国的天文爱好者施瓦贝用一架小型天文望远镜观测太阳，并仔细计算每天在太阳表面上出现的黑子数目，并绘出太阳黑子图，他发现每经过约11年，太阳活动就很激烈，黑子数目就会增加很多。有时可以看到四五群黑子，这时称作"黑子极大"；接着衰弱，到极衰弱，到后来太阳几乎没有一个黑子。因此，每经过11年，就称作一个"太阳黑子周"。

太阳黑子的周期

为了更准确地研究太阳黑子活动的规律，国际天文学界为黑子变化周期进行了排序，从1755年开始的那个11年称作第一个黑子周，1998年进入第23个黑子周。

1861年，德国天文学家施珀雷尔发现，在每一黑子周，黑子出现是遵从一定规律的：每个周期开始，黑子与赤道有段距离，然后向低纬度区发展，每个周期终了时，新的黑子又出现在高纬区，新的周期也就开始了。

20世纪初，美国天文学家海耳研究黑子的磁性，发现磁性由强至弱直至消失的周期恰好是黑子周期的两倍，即22年。人们将这个周期称作磁周期或海耳周期。

科学家的争议

有人对太阳黑子活动周期持续的时间提出异议。19世纪80年代，德国天文学家斯波勒发现1645年至1715年间，人们很少看到太阳黑子活动。紧接着，英国天文学家蒙德尔指出，

这70年太阳活动一直处于极低水平，太阳黑子平均数比通常11年周期中黑子极少的年份还要少，有时连续多年竟连一个黑子也没有，被称为"蒙德尔极小期"。关于太阳黑子活动周期问题，争论一直在继续，新观点不断涌现，有人提出22年的变化周期，有人提出80年的变化周期，甚至有人提出了800年的周期。总的说来，太阳黑子活动是有一定规律的，但又是复杂多变的，就目前的科学研究水平来看还很难统一。

太阳黑子对地球的影响

太阳是地球上光和热的源泉，它的一举一动都会对地球产生各种各样的影响。黑子既然是太阳上物质的一种激烈活动现象，所以对地球的影响很明显。当太阳上有大群黑子出现时，会出现磁暴现象使指南针会乱抖动，不能正确地指示方向；平时很善于识别方向的信鸽会迷路；无线电通讯也会受到阻碍，甚至会突然中断一段时间，这些反常现象将会对飞机、轮船和人造卫星的安

全航行，还有电视传真等方面造成很大的威胁。太阳黑子的爆炸还会引起地球上气候的变化。100多年以前，一位瑞士天文学家发现，黑子多的时候地球上气候干燥，农业丰收；黑子少的时候气候潮湿，暴雨成灾。

我国著名科学家竺可桢也研究提出：凡是我国古代书上对黑子记载的多的世纪，也是我国范围内特别寒冷的天气出现的多的世纪。

还有人统计了一些地区降雨量的变化情况，发现这种变化也是每过11年重复一遍，很可能也跟黑子数目的增减有关系。地震科学工作者发现，太阳黑子数目增多的时候，地球上的地震也多。地震次数的多少，也有11年左右的周期性。

植物学家也发现，树木生长情况也随太阳活动的11年周期而变化。黑子多的年份树木生长得快；黑子少的年份就生长得慢。更有趣的是黑子数目的变化甚至还会影响到我们的身体，人体血液中白细胞数目的变化也有11年的周期性。而且一般的人在太阳黑子少的年份，会感到肚子饿得比较快。

小知识大视野 ◆◆◆◆◆◆◆◆◆◆◆◆◆

对太阳黑子的说法，我国有世界上最早的观测记录。大约在公元前140年前的《淮南子》一书中就有"日中有踆乌"的记述。现今世界公认的最早的太阳黑子记事，是载于《汉书·五行志》中公元前28年3月出现的太阳黑子。

行踪不定的星星

金卫的首次发现

天空中的星星时隐时现是由于我们用肉眼观察时空气波动的结果，那么天文学家观察到的时隐时现的星星又是怎么回事呢？

1672年1月25日，天文学家卡西尼首次看到金星附近有一个小天体。他仔细观察了10分钟，但并不打算立即宣布发现了一颗金卫，以免引起一场轰动。

1686年8月18日早晨，卡西尼又一次看到了这个小天体：这颗卫星足有金星的1/4体积那么大，它位于距金星3/5个金星直径处，这颗金卫的相位与其母行星金星的相位相同。卡西尼对这一天体研究了15分钟，并做了完整的记录。

科学家的再观察

　　然而观察到的并非仅卡西尼一人。1740年10月23日，英国人吉姆·肖特也在金星附近发现了一个天体，他用望远镜观察了一个小时之久，他说这一天体有1/3个金星那么大。

　　1761年2月10日、11日和12日，法国马赛市人约瑟夫·路易斯·拉格朗格声称他曾几次看到了这颗金卫。

1761年3月15日、28日和29日，法国奥赫里人蒙特巴隆通过他的望远镜也发现了这个金星的"幼仔"。而同年的6月、7月、8月间，美国科佩汉根人罗德科伊尔对这一天体也曾观察了8次。这些科学家们的辛勤劳动最后得到了官方的承认。普鲁士国王弗雷德里克大帝提议，将金卫命名为"阿里姆博特"，以纪念这位法国学者。

金卫的悄然离去

1768年1月3日，科佩汉根的克里斯坦·霍利鲍又仔细研究了这颗金卫，继而发生的事更为神秘离奇，即金卫这个爱神之子失踪了整整一个世纪。

在1886年，这个金卫又出现了。埃及天文学家曾7次看到了它，并把它命名为尼斯，以示对这位埃及知识之神的敬意。

1892年8月13日，美国天文学家爱德华·埃默森·伯纳德在金星附近看到一个7星等的天体。伯纳德教授确定它是一颗位于Ophillchlls星座的恒星，人们还给木卫五取名为伯纳德恒星，以示对他的敬意。然而正当木卫五围绕其母星欢乐地运行，这颗伯纳德小恒星在不停地闪烁之时，金卫却又悄然走失了。

　　自此以后很长一段时间，天文学家试图再一次寻找这颗金卫但都无功而返。这颗为许多科学家所观测到的卫星仍是一个谜。

科学家的猜测

　　如果评论家们要说所有这些科学家之辈们都在凭幻觉，以及说莱斯卡鲍特无所事事却得了荣誉勋章，那么这些说法纯粹太离谱也太不近人情。

　　毫无疑问，所有这些观察都是有目共睹、切切实实的。这一切的发生使人们不得不产生了许多猜测：1859年穿越太阳表面的那个天体是什么呢？会不会它是一个小行星或者是另一个世界的巨大空间站呢？金卫是不是也为外星系的空中堡垒呢？

金星卫星之谜

金星目前还有许多谜团未解开其中最令人困惑的就是它的卫星之谜。

在现在的所有天文书籍上，在谈到金星卫星时都认为它的天然卫星数是"0"。

1686年8月，法国的天文学家乔·卡西尼宣布他发现了金星的一颗卫星。并对这个新发现的金卫进行过多次观察。根据他公布的金卫轨道数据，当时有不少人也观测到了这个卫星，直至18

世纪时，金星卫星似乎已经成为了定论。

金卫在人们的观测中存在了78年，现在再也没有丝毫踪迹可循。现在的太空望远镜、射电望远镜、雷达以及若干宇宙飞船已经证实，现在的金星没有卫星。

小知识大视野

卡西尼，1625年6月8日出生于意大利佩里纳尔多，1712年9月14日逝世于法国巴黎。他是一位在意大利出生的法国天文学家和水利工程师。他发现了土星光环中间的缝隙，"卡西尼缝"由此得名。

瑰丽壮观的星云

彩虹星云

这些由星际尘埃及气体云组成的云气，如同纤柔、娇贵的宇宙花瓣远远地盛开在1300光年远的仙王座恒星丰产区。有时它被称为彩虹星云，有时人们又叫她艾丽斯星云，而被编入目录的则是NGC7023，而它也并非是天空中唯一会让人联想到花的星云。

在彩虹星云中，星云尘埃物质围绕着一颗炙热的年轻恒星。

尘埃中央灯丝以一种略带红色的光致发光。然而，这一星云反射出的光线主要是蓝色的，这是尘埃微粒反射恒星光芒的特点。在尘埃中心的细丝发出微弱的红色荧光，这是由于一些尘埃微粒能有效地将恒星发出的不可见的紫外线转换成可见的红光。红外观测器还发现这个星云可能含有叫作多环芳烃的复杂碳分子。

玫瑰星云

美丽的玫瑰星云NGC2237，是一个距离我们3000光年的大型发射星云。星云中心有一个编号为NGC2244的疏散星团，而星团恒星所发出的恒星风已经在星云的中心吹出一个大洞。这些恒星大约是在400万年前从它周围的云气中形成的，而空洞的边缘有一层由尘埃和热云气的隔离层。这团热星所发出的紫外光辐射游离了四周的云气，使它们发出辉光。星云内丰富的氢气，在年轻亮星的激发下，让NGC2237在大部分照片里呈现红色的色泽。

　　不是所有的玫瑰星云都是红色的，但它们还是非常漂亮的。在天象图中，美丽的玫瑰星云和其他恒星形成区域总是以红色为主，一部分因为在星云中占据支配的发射物是氢原子产生的。

三叶星云

　　1747年，法国天文学家勒让蒂尔首先发现了三叶星云，三叶星云比较明亮也比较大，为反射和发射混合型星云，视星等为8.5等，视大小为29′×27′。这个星云上有3条非常明显的黑道，它的形状就好像是三片发亮的树叶紧密而和谐地凑在一起，因此被称作三叶星云。由于星云上面那格外醒目的3条黑纹，也有天文学家将它叫作三裂星云。

三叶星云位于人马座。要想找到三叶星云，我们要先熟悉一下人马座。人马座是一个十分壮观的星座，坐落在银河最宽最亮的区域，那里就是银河系的中心方向。每年夏天是最适于观测人马座的季节。6月底7月初时，太阳刚刚落山，人马座便从东方升起，整夜都可以看见它。

人马座是黄道12星座之一，它的东边是摩羯座，西边是天蝎座。

有人将人马座叫作射手座,那是不规范的叫法。人马座的主人公是希腊神话中上身是人、下身是马的马人凯洛恩。凯洛恩既擅长拉弓射箭又是全希腊最有学问的人,许多大英雄都拜他为师。

由于人马座的位置比较偏南,所以地球上北纬78度以北的地区根本看不到这个星座,北纬45度以南的地区才能够看到完整的人马座。我国绝大部分地区都能看到完整的人马座。

那么,我们怎样才能顺利地找到人马座呢?人马座中有6颗亮星组成了一个与北斗七星非常相像的南斗六星。虽然南斗六星的亮度和大小都比北斗七星逊色,但也很惹人注意。因此找到了南斗六星也就是找到人马座了。

人马座的范围比较大,所包含的亮星比较多,2等星2颗,3等星8颗。人马座也是著名深空天体云集的地方,除了三叶星云之外，另外还有14个梅西叶天体，如著名的礁湖星云M8、马蹄星云M17等，三叶星云在梅西叶星表中排行20，简称M20。

那么，三叶星云在哪儿呢？它就在南斗六星斗柄尖上那颗较亮的人马座 μ 星的西南方大约4摄氏度远处。三叶星云距离我们5600光年之遥。

环状星云

环状星云，意为行星状星云，因此类星云中心有颗高温星，外围环绕着一圈云状物质，就好像行星绕着太阳似的，因而得名，也有因其形状像一个光环，所以又称为环状星云。

其成因系由超新星爆炸所致，当一颗质量在太阳的1.4~2倍的恒星发生爆炸时，其外部物质被抛向太空，形成圆形的星云，而星球的核心部分则被压缩成密度极大、温度极高的中子星，把抛出到周围的物质照亮而被人们看到的星云，即为环状星云，这和气状星云、系外星云的性质完全不同，此类星云在数量上远比其他类星云星团少多。

环状星云是由英国著名天文学家威廉·赫歇尔发现的。当时，赫歇尔还是英国皇家乐队的一名钢琴师，但他酷爱天文学，经常用望远镜观测星空。

1779年夏季的一天晚上，当赫歇尔把望远镜对准天琴座的时候，在密密麻麻的恒星当中，发现了一个略带淡绿色、边缘较清晰的呈小圆面的天体。他模模糊糊地看出它应该是一个星云。但这是一种什么类型的星云呢？赫歇尔也不知道。

由于他的望远镜分辨率太差了，他看不清楚星云的细节，只是看它的模样与大行星很相像，于是赫歇尔就把这类星云命名为行星状星云。事实上，行星状星云与行星毫无关联，然而这个不恰当的名称却被人们一直沿用下来。

与赫歇尔同时代的法国天文学家安东尼·达尔奎耶也在同时发现了这个天体，他当时是在观测出现的彗星而看到它的。法国天文学家梅西叶把这个天体收入自己编制的星表中，排在第57位，简称M57。

随着观测能力的不断提高，人们后来又陆续发现了不少行星状星云，目前的总数为1000多个。天文学家估计在我们的银河系中一共有四五万个行星状星云，只是由于它们都隐藏在太空深处，实在是太小太暗了，以至于我们目前还不能发现它们。

马头星云

IC 434是位于猎户座的一个明亮发射星云，它于1786年2月1日被英国威廉·赫歇尔发现。它位于猎户腰带最东边的参宿一旁边，是一片细长且模糊不清的地区。IC 434因为衬托出著名的马头星云，因此它比IC星表中的其他天体更为著名。

马头星云，亦称巴纳德33，是明亮的IC 434内的一个暗星云，位于猎户座的暗星云，马头星云离地球1500光年，从地球看它位于猎户座ζ下方，视星等8.3等，肉眼不能见。因形状十分像马头的剪影，故有马头星云的称号。1888年，哈佛大学天文台拍下了照片，人们首次发现这个不同寻常形状的星云。

"马头星云"是业余望远镜能力范围内很难观测的天体，所以业余爱好者经常将"马头星云"作为检验他们观测技巧的测试目标。它的一部分是发射星云，为一颗光谱型B7的恒星所激发；另一部分是反射星云，为一颗光谱型B7的恒星所照亮。角直径30'，距地球350秒差距。

　　星云红色的辉光主要是星云后方被恒星所照射的氢气。暗色的马头高约1光年，主要来自浓密的尘埃遮掩了它后方的光，不过马颈底部左方的阴影是马颈所造成的阴影。贯穿星云的强大磁场，正迫使大量的气体飞离星云。马头星云底部里的亮点是正在新生阶段的年轻恒星。光约需要经过1500年，才会从马头星云传到我们这里。

幽灵星云

幽灵星云是位于猎户座的一个弥散星云，距离地球1300光年，看起来像有一个黑色鬼影浮于雾气之中。幽灵星云的编号是NGC 6369，它是18世纪的英国天文学家威廉·赫歇尔用望远镜观测蛇夫座时发现的。这个星云具有行星浑圆的外观，此外它也很昏暗，所以有"幽灵星云"的绰号。猎户座内部的明亮变星V380照亮了此星云，这些寒冷气体与尘埃如此浓密，以至于完全阻挡了光线的通过。此黑暗云中的恒星或许很密集，而此黑暗云是一个致密的气体尘埃云，被叫做博克球状体。

小幽灵星云位于离开太阳系2000光年以外的蛇夫星座，气体以24千米/秒左右的速度向外喷溅，而气团的直径已经达到1光年。呈现蓝绿色的中间部分由气体组成，这是在红色巨星紫外线作用下发生强烈电离的结果，气团的外部受紫外线的作用较弱，因此气团的外部颜色接近黄色和橙色。

蚂蚁星云

该星云是一个由尘埃和气体构成的云团，专门名称是Mz3。在用地面望远镜观察时，发现它的外形与一只蚂蚁非常相似。位于我们的银河系中，距离地球3000到6000光年。

它是于1997年7月20日被华盛顿大学天文学家布鲁斯·贝里克和莱登大学天文学家文森特·艾克在研究哈伯太空望远镜的影像时发现的。Mz3被称为蚂蚁星云是因为它的影象十分像一只普通蚂蚁的头部和胸部。

猫眼星云

猫眼星云为一行星状星云，位于天龙座。这个星云特别的地方在于其结构几乎是所有有记录的星云当中最为复杂的一个。猫眼星云拥有绳结、喷柱、弧形等各种形状的结构。这个星云于1786年2月15日由英国威廉·赫歇尔首先发现的。

至1864年，英国业余天文学家威廉·赫金斯为猫眼星云做了光谱分析，也是首次将光谱分析技术用于星云上。现代的研究揭开不少有关猫眼星云的谜团，有人认为星云结构之所以复杂，是来自其连星系统中主星的喷发物质，但至今尚未有证据指出其中心恒星拥有伴星。另外，两个有关星云化学物质量度的结果出现重大差异，其原因目前仍不明。

小知识大视野

上帝之唇：2010年，美国宇航局拍摄到一张暮年恒星形成的星云图像，星云的形状酷似撅起来准备亲吻的嘴唇。这颗正在衰亡的恒星距地球16000光年，是银河系最大的天体之一。它的质量是太阳的35倍，亮度是太阳的100多万倍，在进入暮年后迅速燃烧，内部的物质被释放出来形成星云。

五彩缤纷的彩虹

彩虹的形成原因

彩虹是气象中的一种光学现象，是当阳光照射到半空中的雨点，光线被折射及反射，在天空上形成拱形的七彩的光谱。彩虹七彩颜色，从外至内分别为：红、橙、黄、绿、青、蓝、紫。

彩虹是因为阳光射到空中接近圆形的小水滴，造成色散及反射而成。阳光射入水滴时会同时以不同角度入射，在水滴内亦以不同的角度反射。当中以40度至42度的反射最为强烈，造成我们所见到的彩虹。造成这种反射时，阳光进入水滴，先折射一次，然后在水滴的背面反射，最后离开水滴时再折射一次。因为水对光有色散的作用，不同波长的光的折射率有所不同，蓝光的折射角度比红光大。由于光在水滴内被反射，所以观察者看见的光谱是倒过来，红光在最上方，其他颜色在下。

其实只要空气中有水滴，而阳光正在观察者的背后以低角度照射，便可能产生可以观察到的彩虹现象。彩虹最常在下午雨后刚转天晴时出现。这时空气内尘埃少而充满小水滴，天空的一边因为仍有雨云而较暗。而观察者头上或背后已没有云的遮挡而可见阳光，这样彩虹便会较容易被看到。另一个经常可见到彩虹的地方是瀑布附近。在晴朗的天气下背对阳光在空中洒水或喷洒水雾，亦可以人工制造彩虹。

彩虹可预报天气

空气里水滴的大小决定了虹的色彩鲜艳程度和宽窄。空气中的水滴大，虹就鲜艳，也比较窄；反之，水滴小，虹色就淡，也比较宽。我们面对着太阳是看不到彩虹的，只有背着太阳才能看到彩虹，所以早晨的彩虹出现在西方，黄昏的彩虹总在东方出现。可我们看不见，只有乘飞机从高空向下看才能见到。虹的出现与当时天气变化相联系，一般我们从虹出现在天空中的位置可以推测当时将出现晴天或雨天。东方出现虹时，本地是不大容易下雨的，而西方出现虹时，本地下雨的可能性却很大。

彩虹的明显程度取决于空气中小水滴的大小，小水滴体积越大，形成的彩虹越鲜亮，小水滴体积越小，形成的彩虹就不明显。一般冬天的气温较低，在空中不容易存在小水滴，下阵雨的机会也少，所以冬天一般不会有彩虹出现。

彩虹的所在位置

彩虹其实并非出现在半空中的特定位置。它是观察者看见的一种光学现象，彩虹看起来的所在位置会随着观察者而改变。当观察者看到彩虹时，它的位置必定是在太阳的相反方向。彩虹的拱以内的中央，其实是被水滴反射放大了的太阳影

像。所以彩虹以内的天空比彩虹以外的要亮。

彩虹拱形的正中心位置刚好是观察者头部影子的方向，虹的本身则在观察者头部的影子与眼睛一线以上40度至42度的位置。因此当太阳在空中高于42度时，彩虹的位置将在地平线以下而不可见。这亦是为什么彩虹很少在中午出现的原因。

彩虹由一端至另一端，横跨84度。以一般的35毫米照相机，需要焦距为19毫米以下的广角镜头才可以用单格把整条彩虹拍下。倘若在飞机上，看见的彩虹会是完整的圆形而不是拱形，而圆形彩虹的正中心则是飞机行进的方向。

彩虹奇观

很多时候会见到两条彩虹同时出现，在平常的彩虹外边出

现同心，但是较暗，称副虹，又称霓。副虹是阳光在水滴中经两次反射而成。当阳光经过水滴时，它会被折射、反射后再折射出来。在水滴内经过一次反射的光线，便形成我们常见的彩虹，即主虹。若光线在水滴内进行了两次反射，便会产生第二道彩虹，即霓。

　　霓的颜色排列次序跟主虹是相反的。由于每次反射均会损失一些光能量，因此霓的光亮度亦较弱。两次反射最强烈的反射角出现在50度至53度，所以副虹位置在主虹之外。因为有两次的反射，副虹的颜色次序跟主虹反转，外侧为蓝色，内侧为红色。副虹其实一定跟随主虹存在，只是因为它的光线强度较低，所以有时不被肉眼察觉而已。

晚虹是一种罕见的现象，在月光强烈的晚上可能出现。由于人类视觉在晚间低光线的情况下难以分办颜色，故此晚虹看起来好像是全白色的。

彩虹为什么总是弯曲的

光的波长决定光的弯曲程度，事实上如果条件合适的话，可以看到整圈圆形的彩虹。彩虹的形成是太阳光射向空中的水珠经过折射→反射→折射后射向我们的眼睛所形成。不同颜色的太阳光束经过上述过程形成彩虹的光束与原来光束的偏折角约138度。也就是说，若太阳光与地面水平则观看彩虹的仰角约为42度。

想象你看着东边的彩虹，太阳在从背后的西边落下。白色的阳光穿越了大气，向东通过了你的头顶，碰到了从暴风雨落下的水滴。当一道光束碰到了水滴，会有两种可能：一是光可能直接穿透过去，或者更有趣的是，它可能碰到水滴的前端，在进入时水滴内部产生弯曲，接着从水滴后端反射回来，再从水滴前端离开，往我们这里折射出来。这就是形成彩虹的光。

　　光穿越水滴时弯曲的程度视光的波长而定——红色光的弯曲度最大，橙色光与黄色光次之，依此类推，弯曲最小的是紫色光。每种颜色各有特定的弯曲角度，阳光中的红色光，折射的角度是42度，蓝色光的折射角度只有40度，所以每种颜色在天空中出现的位置都不同。若你用一条假想线，连接你的后脑勺和太阳，那么与这条线呈42度夹角的地方就是红色所在的位置，这些不同的位置勾勒出一个弧。既然蓝色与假想线只呈40度夹角，所以彩虹上的蓝弧总是在红色的下面。

　　彩虹之所以为弧形这当然与其形成有着不可分割的关系，由

天体观测之窗

于地球表面为一曲面而且还被厚厚的大气覆盖，在雨后空气中的水含量比平时高，当阳光照射入空气中的小水滴形成了折射，同时由于地球表面的大气层为一弧面从而导致了阳光在表面折射形成了我们所见到的弧形彩虹。

小知识大视野

中国唐代时，精通天文历算之学的进士孙彦先便提出"虹乃与中日影也，日照雨则有之"的说法，解释了彩虹乃是水滴对阳光的折射和反射。孙彦先的发现后来也被宋代沈括的《梦溪笔谈》所引用及证实，且沈括也细微地观察到虹和太阳的位置与方向是相对的现象。

灰蓝色的巨蛋

太空的蓝色巨蛋

《明日太空》科学杂志报道，苏联的太阳系太空船与一枚灰蓝色巨蛋相遇。当时两者之间只隔数千米。

德国天文学家舒密德向《明日太空》科学杂志说："我身为前苏联太空资料分析顾问，有缘得见数百幅有关该枚巨蛋的高解像图片，它长达1127千米，表面光滑，呈椭圆形，活像一只大鸟蛋。当然它可能是一颗流星或是太空垃圾，但同样我们不能排除它具有生命的可能。"后来，苏联的一份报纸报道了此事，称这次太空"第三类接触"是在1986年底发生的，不过没有透露该枚巨蛋在太空哪处。

科学家的分析

前苏联太空科学家帕克科马夫指出，这次可能是自从1930年发现冥王星以来最重大的一次发现。

帕克科马夫说："如果这个不明物体确实是一个蛋，那就不只意味着外太空有生物，而且这种生物还是在太空生活。这样庞大的一个蛋如果孵化成长后，体型可能有月球那样大，如果这种生物到地球乱闯，人类的文明势将毁于一旦，地球也可能脱离轨道，面临末日。"

帕克科马夫表示前苏联的科学家会致力分析太空船拍回的照片，直到确定这个巨蛋的性质为止。

小知识大视野 ◆◆◆◆◆◆◆◆◆◆

1984年5月14日，苏联太空实验室"礼炮6"号上的两位宇航员克华利雅诺与沙文尼克有幸在太空中亲眼见到了乘银色圆球而来的3位外星同类。

今人惊奇的陨石

我国最大的陨石雨

1976年3月8日下午，我国吉林省吉林市的近郊还发生了一次大规模的陨石雨。其规模之大仅次于通古斯和老爷岭陨石雨，在石质陨石雨中规模是第一位的。

吉林市陨落区呈很长的椭圆形，长度超过70000米，面积达400平方千米至500平方千米，搜集到的陨石有1000多块，总质量在2600千克以上。其中最大的"吉林1"号陨石，重1770千克，是目前世界上最重的石陨石。第二位是美国诺顿陨石，重1080千克。吉林陨石雨规模虽大，却没造成什么损失，实属难得。

陨石带来的趣闻

最大的铁陨石：霍巴铁陨石，长2.75米，宽2.43米，重达60000千克，发现于非洲纳米比亚南部格鲁特丰坦附近的西霍巴地区，至今仍"安息"于原地，因为世界上没有一个博物馆能装得下它。最大的石陨石：我国"吉林1"号陨石，重1770千克，当然它是可以被博物馆珍藏的了。

充当杀手的陨石：1955年，美国阿拉巴马州希拉考加城的休莱特·朗杰斯太太正躺在沙发上打盹。突然一声巨响惊醒了她，一块重39000千克的陨石落在她附近。

陨石带来的灾难

1847年，一块陨石击中一艘从日本开往意大利的船只，两名水手不幸丧命。1512年，我国山东省丰城由于陨石引起火灾，烧毁房屋千余间。次年，丰城也因陨石起火，使20000户居民无家可归。1954年11月30日发生在美国亚拉巴马州的一个小城：一块重3900克的陨石残块击穿了屋顶和天花板，击伤了一名正在睡觉的妇女。由此可见，观测与计算是相符的，不过陨星陨落直接伤人的事件是极为罕见的。

陨星落到屋顶的事件也时有发生。最近20多年里，在美国和加拿大研究发现的新陨落的陨星事件中，只有7起事件造成房屋严重受损，受损的房屋通常都是楼房和汽车库的屋顶。另外两起事件由于陨星质量小未能损坏屋顶。还有一颗重1300克的陨星击中一个邮箱，从而使它严重变形。如果考虑到一部分陨星坠落到公共设施和工业厂房的屋顶而不被注意，那么预测概率为年均0.8次或20年间16次落到屋顶。所有这些均被观测所证实。

天上掉下的陨冰

1990年3月31日9时3分，江苏省无锡市鸿升乡里村的3个农民正站在一起聊天。忽然听到"啪"的一声，前面突然出现了一大堆冰，其中最大的一块竟有0.4米长。这些冰块浅绿，有光泽，细密质地，呈半透明状。调查分析后，确认这些冰是从天上掉下来的陨冰。自1982年12月以来，类似的陨冰事件已在苏南地区出现了多次。

其中6次都在无锡市境内。天文学家认为陨冰极有可能来自地球以外的太空，那么它就应该是属于彗星核部分的碎块。有人甚至认为，地球上的水主要就是这些陨冰带来的。如今还不能绝对肯定它们来自太空，因为它们的坠落地点太集中了，这不能不使人怀疑到底是巧合，还是一种地球大气的局部性事件？

陨冰到底是从哪里来的？还没有统一的说法，有待科学家的深入研究。

陨星坠落的概率

研究人员在9年时间里，借助60部摄像机在加拿大西部进行了观测。积累的大量资料得以计算出陨星陨落的概率，即取决于陨星的质量。据此推测，陨星的总质量是摄像机所拍摄到的最大陨星残块的两倍多。

实际上，每天平均有大约39颗质量不一的陨星落入100万平方千米的陆地上，那么每年有大约5800颗陨星落入整个地球的陆区表面。

陨星落入人群或房屋的概率有多大呢？研究人员做出许多推断：若按每一个人占0.2平方米的面积计算，落到人身上的最小陨星残块的重量不超过几克。通常，

200克以上的陨星块才能击穿屋顶和天花板。如果陨星的总重量为500克，那么5个残块中每一个都能击穿屋顶，但是质量较小的陨星残块就不会导致这一后果。

科学家在用外推法分析和研究了所获得约有关世界人口和各大陆的资料，进而得出一个结论：在世界50亿人口中，质量不小于100克的陨星陨落事件的概率为10年一人次。陨星击穿屋顶的概率也不过年均16座房屋。

小知识大视野

陨冰：彗星的彗核是以水冰为主的冰物质，其中也夹杂着一些尘埃物质，当彗星在太阳系中运行时，受迎面而来的流星体撞击，就会从彗核表面溅射出一些碎冰块，有的与地球相遇，穿过大气层到了地面，成为陨冰。

各种各样的怪云

硕大无比的蘑菇云

1984年4月9日22时12分，日本航空公司的JA136班机发现了奇怪的景象：一朵巨大的冰激凌状的云彩，上端呈半球体，中下部呈直柱状，上下高度约10000米，在太平洋海面上凌空而立，酷似一朵硕大无比的蘑菇。

这种形状的云彩被任何稍有常识的人一旦看见，便会立刻不安地想起不祥的原子云。云彩迅速地扩散开来，从飞机的座舱里也可以看到，扩散的云雾正在扑面而来，给人一种深入云雾之中的感觉。时值深夜，又没有光，但云彩在些微弱的夜光的反射下居然闪现出明亮的蓝白色光。

日本旅客小平久幸越看越觉得那不是普通的乱积云，而像是核试验后产生的原子云，他果断地向机长报告了情况。

冰激凌状的云朵

在这一天晚上，看见这奇怪的半球体云彩的目击者不只JA136班机上的乘客，荷兰航空公司的868班机上的人也同样在同一地点碰见那冰激凌状的云朵。当时868班机的机长向安格治管制塔报告说："前方产生一道强光，突然有圆球形般的云彩出现。云彩刹那间散开了。"

除荷兰航空公司的868班机外，还有两架当夜飞行于这一航线的运输机也同样目击了酷似原子云的半球体云朵。

飞机降落到地面后，检查人员对4架飞机及全体乘客、机员进行了严密细致的检查，然而无论是机舱内空气的取样化验，还是乘客、机员的全身检查，结果表明没有任何放射性污染的痕迹。而对这一出人意料的结果，安格治军事当局宣布，目击者们看见的半球体云朵不是核试验产生的云彩。太平洋海面上空的冰激凌状原子云究竟是怎么回事呢？

JAB6班机的机长马格先生说："自然的云彩不可能扩散成那种形状，除了强烈的爆炸物爆炸外，没有其他可能。"他显然是在暗示发生了核爆炸。根据有关方面的调查结果显示，4月9日那天日本自卫队在原子云出现的那一带海域未曾举行过军事演习，而且以当时日本的军事能力而言，它的任何演习都不能产生10000米高的烟云。而根据专家们说，即使是核子弹在空中爆炸，它所产生的烟云也不可能产生目击者所形容的那种形状。

云是怎样形成的

那么，是不是自然界的异常情况才导致产生这种奇怪的云的呢？答案也是否定的。因为根据气象局的微压计探测，当天附近海域无任何大的爆发等异常迹象。而且在9日晚上21时至次日凌晨1时气象卫

星所拍摄的照片上，只有绢云和绢层云而已，这表明气象情况稳定，不可能出现积乱云或龙卷云。也就是说，这些云有时能呈现出一定的高度。于是气象局猜测，当天有可能出现镜云，以此来解释那奇异的原子云现象。后来，有传闻说日本航空自卫队对此事进行了调查，在现场收集到一些尘埃，还说美国当局也进行了类似的调查等。随着时间的推移，人们对此事的兴趣渐渐淡薄，最后也就忘记了这件事。此事至今仍是一个不解之谜。

小知识大视野

乳房云，它的出现通常预示着暴风雨天气的降临，世界各地经常出现这种奇异的气候现象。美国加州大学圣克鲁兹分校物理学家帕特里克·张称："这种云彩的外形看起来很奇怪，如同一个个袋子挂在天空一样。"

形状各异的闪电

树状的闪电

1989年8月27日4时，位于四川省南川县的金佛山，雷鸣、闪电、大雨交加。当金佛山南麓的金佛山水电厂的总指挥胡德厚一觉醒来时，发现办公楼后面的玉林村后山坳异常明亮。

开始以为房子着火了，但仔细一看，光亮呈扇形，顶部仿佛一瓣一瓣的，特别像莲花，估计高十多米。颜色白中略带红色，下部明亮，顶部较淡。光亮度比汽车车灯还要强得多。但光亮朝天空散射，照射幅度不大，四周依然暗黑。与此同时，还有一条带状云气轻纱似地飘于山间，高与光亮顶部相平。随着一声巨大的雷响，闪电中只见光亮中间好似一棵伞形的树，青枝绿叶，奇美异常。目前这种奇怪的闪电还是一个谜。

留下图案的闪电

1996年6月17日，在法国的南方两名工人在棚子里避雷雨。一个闪电出人意外地正打中他们避雨的地方，结果两人都倒在地上。闪电使其中一个男子的皮鞋开了线，还撕破了他的裤子。

不过最引人注目的是另一个情况：闪电仿佛是个技术高明的

摄影师，它在死者的手臂上出色地拍下一张松树、杨树及这个人表带的照片。卡米尔·法兰马利昂在分析这一情况后提出一个设想，即死于闪电的人所停留过的棚子可能成了一个摄影室，闪电起了透视的作用。不过无法解释这种设想，为什么拍摄时有如此奇特的选择性，因为拍下来的只有某些物象，而且仅仅取自四周的景观。同样，穿透衣服而取景拍照的现象也令人无法解释。

还有一种更神奇的现象，那就是图像被印在皮下的状况。例如，1812年在科姆布亥有6只羊在橡树和榛树林附近的野地上被闪电击毙。当人们剥下它们的毛皮时，在它们的身上，说得准确些是在它们的毛皮里面发现了四周部分景物的逼真图像。

线状闪电

与其他放电不同的地方是有特别大的电流强度，平均可以达到几万安培，在特殊情况下可达20万安培。这么大的电流强度可以毁坏和摇动大树，有时还能伤人。当接触到建筑物时候，常常会造成"雷击"而引起火灾。线状闪电大多数是云对地的放电。

片状闪电

这是一种比较常见的闪电形状。它看起来好像是在云面上有一片闪光。这种闪电可能是云后面看不见的火花放电的回光，或者是云内闪电被云滴遮挡而造成的漫射光，也可能是出现在云上部的一种丛集的或闪烁状的独立放电现象。片状闪电经常是在云的强度已经减弱，降水趋于停止时出现的。它是一种较弱的放电现象。

球状闪电

虽说是一种十分罕见的闪电形状，却最引人注目。它像一团火球，有时还像一朵发光的盛开着的"绣球"菊花。它约有人头那么大，偶尔也有直径几米甚至几十米的。球状闪电有时候在空中慢慢地转悠，有时候又完全不动地悬在空中。它有时候发出白光，有时候又像流星一样发出粉红色光。

球状闪电"喜欢"钻洞，有时候，它可从烟囱、窗户、门缝钻进屋内，在房子里转一圈后又溜走。球状闪电有时发出"咝唑"的声音，然后一声闷响而消失；有时又只发出微弱的"噼啪"声而不知不觉地消失。球状闪电消失以后，在空气中可能留下一些有臭味的气烟，有点像臭氧的味道。球状闪电的生命史不长为几秒钟至几分钟。

闪电形成的假说

对流云初始阶段的离子流假说。大气中总是存在着大量的正离子和负离子，在云中的水滴上电荷分布是不均匀的：最外边的分子带负电，里层带正电，内层与外层的电位差约高0.25伏特。为了平衡这个电位差，水滴必须优先吸收大气中的负离子，这样就使水滴逐渐带上了负电荷。

当对流发展开始时，较轻的正离子逐渐被上升气流带到云的上部；而带负电的云滴因为比较重，就留在下部，造成了正负电荷的分离。水滴因含有稀薄的盐分而起电。当云滴冻结时，冰的晶格中可以容纳负的氯离子，却排斥正的钠离子。

因此，水滴已冻结的部分就带负电，而未冻结的外表面则带正电。由水滴冻结而成的霰粒在下落过程中，摔掉表面还来不及冻结的水分，形成许多带正电的小云滴，而已冻结的核心部分则带负电。由于重力和气流的分选作用，带正电的小滴被带到云的上部，而带负电的霰粒则停留在云的中下部。闪电是怎样形成的还没有统一的说法，有待科学家进一步探索研究。

小知识大视野 ◆◆◆◆◆◆◆◆◆◆

超级闪电是指那些威力比普通闪电大100多倍的稀有闪电，是在云层顶端发生的高空正电荷放电发光现象。普通闪电产生的电力约为10亿瓦特，而超级闪电的电力至少有1000亿瓦特，甚至可能达到万亿至10万亿瓦特。

六月飞来的雪花

六月飞雪的记载

公元前435年陕西的《扶风县志》中就有"六月秦雨雪"的记载。这里的"六月"是指农历而言（下同），"雨"字作动词讲，"雨雪"即下雪。

据江西《金溪县志》和《托州府志》记载，1653年"金溪夏六月，炎日正中，忽下大雪，仰视半空，玉鳞照耀，至檐前则溶温不见"。

1655年《抚州府志》和《宜黄县志》中记载了"宜黄六月雪"。1661年，福建《建瓯县志》记有"建瓯六月朔大寒、霜降，初四日雨雪"。

在福建，1661年《建瓯县志》记有："建瓯六月朔大寒、霜降，初四日雨雪。"

1860年，湖北宜昌一带也出现过夏日下雪现象，至今在宜昌境内还保存着一块完整的石刻，其上写道："庚申年又三月十五日，立夏大雪。"

各地的六月雪

在现代，"六月雪"也并不鲜见。1981年5月31日上午，山西省管涔山区一带天气突变，先是凛风劲吹，气温迅速下降，接着铺天盖地的中高云层慢慢移来，将天空笼罩得严严实实。临近正午，天空忽然飘起纷纷扬扬的雪花。雪越下越大，似鹅毛般大片大片洒落到地面。这场百年罕见的大雪一直持续到6月1日下午15时才停止，降雪量达到50毫米左右，3天后积雪才完全融化。

　　1987年8月18日下午16时许，上海市也遭遇了不期而至的降雪。这天是农历闰六月二十四日，按常理正是当地最为炎热的时候，然而纷纷扬扬的雪花不但消除了炎热，还使人们不得不穿上厚厚的衣服来御寒。

据气象专家分析，此场降雪是因为一场雷阵雨后，3000米和5000米高空的气温迅速下降至零下4摄氏度至7摄氏度，这股高空冷空气与地面大量上升的暖湿水汽相遇，冷暖空气激烈交锋，冷空气占据上风，因而天空降下大量的雪花。

世界上，许多国家也出现过农历六月降雪的现象。1816年夏季，西欧出现了罕见的反常天气：当地六月降雪不止，积雪深达16厘米，湖水结冰，行人穿起了厚厚的冬装，人们不得不在家围着火炉取暖。反常天气一直持续到农历八月，各种蔬菜相继冻死，田地里的庄稼遭到严重冻害。

高纬度地区的"六月雪"现象似乎不足为奇，令人惊奇的是热带地区也曾下过六月雪。

1982年7月的一天，位于赤道附近的印度尼西亚伊里安岛的伊拉卡山区，就遭遇了历史上罕见的特大暴雪袭击，大雪整整下了20多个小时，当地气温骤降到零摄氏度左右。

长期生活在热带地区的当地人从未经受过如此严寒，许多人在身上抹油抵御寒冷。

最近的两次"六月飞雪"，一次是2007年6月20日，甘肃降大雪。夏日降雪虽不多见，但不足为怪。

它是一种自然现象，由于气候的不断变化，遇上特殊的天气条件，比如夏季冷空气长期盘踞一地，加上地理位置、海拔高度等条件，就可能形成夏日降雪的特殊现象。

六月飞雪的成因

冷暖气流交锋剧烈时，就会产生强降雨；但是，气流突然将含有冰晶或雪花的低空积雨云拉向地面，便会在小范围内出现短时间飘落雪花的奇观。

产生"六月雪"的直接原因多半是夏季高空有较强的冷平流。不过，也有专家认为六月飞雪的产生与可导致气候异常的太阳活动、洋流变化、火山爆发等因素有关。

小知识大视野 ◆◆◆◆◆◆◆◆◆◆◆◆

1980年莫斯科的"六月雪"就是由于斯堪的纳维亚北部寒流的入侵所致。2005年立夏那天，北京门头沟部分地区飘起了一场鹅毛大雪。

神秘的绿色火球

绿色闪光奇现

1948年至1951年的3年时间里，美国西南部出现了一股目击绿色火球的浪潮。由于它们出现在美国一些最机密的基地附近，一时间美国军方和政府机构担心敌人的特工与那些火球有关。

最早的目击事件发生在1948年12月5日晚上。两名在新墨西哥州上空飞行的飞行员在相隔22分钟的不同时间均报告发现了淡绿色的亮光，各出现了几秒钟。

两位目击证人坚持说那不是他们曾经见过的流星，而是某种奇怪的闪光。第二天，在超级机密核设施桑地亚基地的上空也出现了长达3秒的"绿色闪光"。

军事专家的调查

12月6日，空军第七区特别调查处展开了调查。次日夜间，两名飞行员发现在607米的地方有一个奇怪的物体。他们注意到该物体平行于地面移动，闪烁着空军通常使用的信号灯。

他们后来报告说："然而那亮光更加强烈，比普通的探照灯要大得多。它确实比流星或探照灯要更大和更亮。"

几秒钟后，那东西似乎燃尽了……化作橘红色的闪光碎片朝地面坠落下去。

拉帕兹认为，那些绿色的闪光同他听说的任何流星都不同。没有多久，这位科学家亲自看见了一次绿色的闪光。根据自己的观测和安全署飞行员的证词，拉帕兹认为那物体不是流星，因为它飞得太慢、太安静。

1949年初，拉帕兹做出结论，即那些闪光不是自然现象，而是某些人或某些东西放置的。

军官和科学家共同研究

1949年4月下旬，美国物理学家约瑟夫·卡普兰来到科特兰空军基地。卡普兰、拉帕兹和其他一些人讨论决定，在新墨西哥州的几个地方建立一个观测网络。

与此同时，在得克萨斯州中部的奇伦基地附近，不断有人目击了小白亮光或探照灯。

雷德·拉姆斯登指出："胡德营附近的未知现象不可能出自自然原因。"

尽管按卡普兰的话来说它们的一些特征难以解释，然而华盛顿的官员无视地方专家和证人的证词，认定火球和亮光都是自然现象。目击仍在继续。

运用科学进行检验

1949年夏，新墨西哥州的大气样本得到了检验；其中含有无法解释的、异常高的铜微粒量，暗示那与火球目击事件有关。拉帕兹认为，这是进一步说明火球不是流星的证据，

他说："我从未听说过与流星有关的尘埃样本中会有铜粒子存在。"

尽管目击了一些有趣的现象，1951年12月，闪光计划还是由于缺乏资金、设备和人力而终止。

许多人认为，这个计划的失败丧失了一个收集此类不明飞行物的可靠信息的机会。许多参与调查的科学家都相信那些火球不是自然现象，而是人为造成的。

1953年，爱德华·鲁皮特上尉与洛斯·阿拉莫斯实验室的科

学家们谈论过火球事件，他们相信那些物体是从外星人的太空船上发射出来的。

小知识大视野 ◆◆◆◆◆◆◆◆◆◆◆◆◆◆◆◆◆◆

2007年11月29日，澳大利亚南部天空忽然出现一个巨大的绿色发光球，从天空中一闪而过，随即消失不见，留下一道绿色的光带，让当地居民大为恐慌。有人猜测这个神秘物体可能是彗星。

太阳确实有伴星吗

太阳的伙伴是谁

有的恒星看上去是一颗星，但用望远镜观察，它却是两颗互相吸引、互相绕转的星，就像两个在一起的伙伴一样。

太阳这颗恒星有没有伙伴呢？假如太阳真有一个伙伴，即伴星，那么人类就可以解释过去出现的一些现象，然后再想方设法防止今后可能出现的大灾难。

物理学家的研究

1979年，美国哥伦比亚大学的地质学家沃尔特送给他父亲阿尔瓦雷斯一块6500万年前的石头，它与恐龙灭绝的年代相同。阿尔瓦雷斯对这块古老的石头分析后，发现其中含有丰富的铱。铱是天外的来客，地球上并不存在这种元素，因此阿尔瓦雷斯提出了小行星撞击地球的理论。

阿尔瓦雷斯经过计算推断，6500万年前，有一颗直径为10000米的小行星和地球发生撞击，扬起的尘埃弥漫着太空。在此后的3年至5年间，地球陷入了一片黑暗，植物停止了光合作用，造成植物和动物群的大片死亡，严重破坏了生态平衡，从而使恐龙走向了灭绝。

古生物学家的发现

阿尔瓦雷斯的这一理论提出不久，芝加哥大学的古生物学家戴维·芬普和约翰·塞普科斯基研究了古生物灭绝的年代，发现古生物灭绝是有周期性的，平均每2600万年发生一次。在过去的一亿年中，即9100万年前、6500万年前、3800万年前、1200万年前、都发生过大突变和大灭绝，每次突变有75%的生物绝灭。

提出伴星假说

在这个基础上，阿尔瓦雷斯的学生马勒提出了伴星假说，即太阳有一位伙伴。这位伙伴的轨道周期恰好是2600万年。伴星质量很大，当它一接近太阳系外星的彗星群时，就扰乱了彗星群的正常运行，产生彗星雨。有些彗星撞击了地球，造成地球上的灾难和生物大灭绝。

马勒的学说提出后，科学家们经过进一步研究认为：如果太阳有伴星，那么这颗伴星便是一颗密度很大的白矮星。它没有热，没有光，体积很小，质量却大得惊人，它悄无声息地在太空中绕太阳运行，因而人类很难发现它的踪迹。

太阳有伴星只是一个假说，而太阳到底有没有伙伴呢？这还有待科学家们去寻找和探索。

小知识大视野

伴星，通常指双星或聚星中较难观测到的子星。天狼星的伴星β星，是人类最早发现的白矮星。它体积很小，和地球差不多。

为何出现多个太阳

多个太阳并现奇观

你见过天空中同时出现几个太阳的奇特景象吗？你肯定不相信，确实，天文学家已明确告诉我们，只有一个太阳。

可是，现实生活中确实出现过好几个太阳同时挂在天空的奇异景象。

1661年2月20日，波兰格但斯克出现了7个太阳并现的奇景。

1790年7月18日，俄国圣彼得堡出现了6个太阳。

1866年4月的一天，俄国乌克兰地区的人们看到了8个太阳并出的景象。

　　1970年12月3日，有人画下了加拿大萨斯卡通8个太阳并现的图像。

　　1971年5月5日9时，我国小兴安岭上空10个太阳并现，人们无不称奇。

　　1985年1月3日11时，学者刘贵在黑龙江省绥化市画下了5个太阳并现的图像，图像在刊物上发表。

　　1988年1月27日上午，河南省漯河市气象站刘跃红画下了5个太阳并现的图像，图像在刊物上发表。

　　1988年3月7日日出后，沈阳出现了两个太阳并升的景象。

这样的奇观还可以举出许多例子。

为何多的太阳是假的

其实，这许多并现的太阳只有一个是真太阳，其他都是假太阳。假太阳称为假日、幻日或伪日，属于晕的一种表现形式。晕就是民间俗称的风圈，它是由于太阳光或月光在云中冰晶上发生反射和折射而形成的。

在距地面六七千米以上的高空，确实有一种由小冰晶组成的乳白色的丝缕状的薄云，其学名叫卷层云。

构成这种云的小冰晶就好像三棱镜一样，当日光或月光照到它们时就会产生反射和折射现象，如果角度合适就会形成彩色或白色光圈、光弧、光点或假日，统称为"晕"。通常太阳或月亮周围只有一个晕圈，但个别时候也会出现相互套着的多个晕圈、多个晕弧，当天空出现这种现象时，地球上的人们就会看见多个假日并现的怪晕了。

小知识大视野

　　晕是指悬浮在大气中的冰晶对日光，以及月光的折射和反射作用而形成的光学现象，呈环状、弧状、柱状或亮点状。

　　幻日是日晕的一种特殊形式，由云层中的冰晶折射造成，是一种光学现象，在南北极比较常见。

太阳为什么会自转

太阳自转的发现

太阳像其他天体一样也在不停地绕轴自转，这在400年前是无人知道的。最早发现太阳自转的人是意大利科学家伽利略，他在观测和记录黑子时，发现黑子的位置有变化，终于得出太阳自转的结论。15世纪时，人们普遍认为，地球由于自转引起了按一定周期变化的昼与夜的交替，并且太阳系内许多其他行星也都存在着自转现象。

1853年，英国天文爱好者、年仅27岁的卡林顿开始对太阳黑子做系统的观测。他想知道黑子在太阳面上是怎样移动的，以及长期以来都说太阳有自转但这自转，周期究竟有多长？

　　几年的观测使他发现，由于黑子在太阳表面上的纬度不同，得出来的太阳自转周期也不尽相同。

　　换句话说，太阳并不像固体那样自转，自转周期并不到处都一样，而是随着太阳表面纬度的不同，自转周期有变化。这就是所谓的"较差自转"。

太阳的自转周期

　　太阳自转方向与地球自转方向相同。太阳赤道部分的自转速

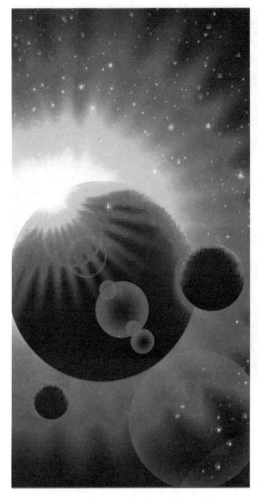

度最快，自转周期最短约为25天，纬度40度处约27天，纬度75度处约33天。太阳表面纬度17度处的太阳自转周期是25.38天。称做太阳自转的恒星周期，一般就以它作为太阳自转的平均周期。以上提到的周期长短，都是就太阳自身来说的。

可是我们是在自转着和公转着的地球上观测黑子，相对于地球来说，所看到的太阳自转周期就不是25.38天，而是27.275天。这就是太阳自转的会合周期。

如果连续许多天观测同一群太阳黑子，就会很容易发现它每天都在太阳面上移动一点，位置一天比一天更偏西，转到了西面边缘之后就隐没不见了。

如果这群黑子的寿命相当长，那么经过10多天之后，它就会"按期"从太阳表面东边缘出现。

除了用黑子位置变化来确定太阳自转周期之外，用光谱方法也可以。太阳自转时，它的东边缘老是朝着我们来，距离在不断减小，光波波长稍有减小，反映在它光谱里的是光谱谱线都向紫的方向移动，即所谓的"紫移"；西边缘在离我们而去，这部分太阳光谱线"红移"。

黑子很少出现在太阳赤道附近和太阳表面纬度40度以上的地方，更不要说更高的纬度了，光谱法就成为科学家测定太阳自转的良好助手。光谱法得出的太阳自转周期是：赤道部分约为26天，极区约为37天。这比从黑子位置移动得出来的太阳自转周期要长一些，长约5％。

太阳周期有变

早在20世纪初，就有人发现太阳自转速度是有变化的，而且常有变化。1901年至1902年观测到的太阳自转周期与1903年得出的不完全一样。

不久，有人更进一步发现，即使是在短短的几天之内，太阳自转速度的变化可以达到每秒0.15千米，这几乎是太阳自转平均速度的1/4000，那是相当惊人的。

1970年，两位科学家在大量观测实践的基础上，得出了一个几乎有点让人不知所措的结论。通过精确的观测，他们发现太阳自转速度每天都在变化，这种变化既不是越转越快，周期越来越短，也不是越转越慢，周期越来越长，而似乎是在一个可能达到的极大速度与另一个可能达到的极小速度之间，来回变动着。

太阳自转速度为什么随时间而变化？有什么规律？这意味着什么？现在都还说不清楚，只能说是些有待研究和解决的谜。空间技术的发展使得科学家们有可能着手观测和研究太阳外层大气的自转情况，主要是色球和日冕的自转情况。

在日冕低纬度地区，色球和日冕的自转速度和我们肉眼看到的太阳表面层——光球来是基本一致。在高纬度地区，色球和日冕的自转速度明显加快，大于在它们下面的光球的自转速度。

换句话说，太阳自转速度从赤道部分的快变到两极区域的慢，这种情况在光球和大气低层比较明显，而在中层和上层变化不大，不那么明显。

太阳周期为何有变

这种捉摸不透的现象，自然是科学家们非常感兴趣。

认为产生太阳自转的各种现象的根源在其内部，即在光球以下、我们肉眼不能直接看到的太阳深处，这是有道理的。

日震可以为我们提供太阳内部的部分情况，这是一方面。更多的是进行推测，当然这种推测并非毫无根据，而是有足够的可信程度。

例如根据太阳所含的锂、铍等化学元素的多少来进行分析和推测；从赫罗图上太阳应占的位置来看，太阳是颗主序星，根据所有主序星的平均自转速度进行统计，来考虑推测。

其结果怎么样呢？不仅难以得到比较一致的意见，甚至还针锋相对：有的学者认为太阳内部的自转速度要比表面快，快得多；另一些学者则认为表面自转速度比内部快。

　　一些人认为：太阳自转速度随深度而变化，我们在太阳表面上测得的速度很可能还继续向内部延伸一段距离，譬如说大致相当于太阳半径的1/3，即约21万千米。只是到了比这更深的地方，太阳自转速度才显著加快。

　　包括地球在内，许多天体并非正圆球体而是扁椭球体，其赤道直径比两极方向的直径长些。用来表示天体扁平程度的"扁率"，与该天体的自转有关。地球的赤道直径约12756.3千米，极直径约12713.5千米，两者相差42.8千米，扁率为0.0034，即约1/300。

　　八大行星中自转得最快的两颗行星是木星和土星，它们的扁率分别是0.0637和0.102，用望远镜进行观测时，一眼就可以看出它们都显得那么扁。

美国科学家迪克的理论

太阳是个自转着的气体球，它应该有一定的扁率，20世纪60年代，美国科学家迪克正是从这样的角度提出了问题。根据迪克的理论，如果太阳内部自转速度相当快，其扁率有可能达到4.5／100000。太阳直径约139.2万千米，如此扁率意味着太阳的赤道直径应该比极直径大60多千米，对于太阳来说，这实在是微乎其微。可是，要想测出直径上的这种差异，异乎寻常的困难，高灵敏度的测量仪器也未必能达到所需要的精度。

为此，迪克等人做了超乎寻常的努力，进行了无与伦比的超精密测量，经过几年的努力，他得出的太阳扁率为4.51 ±

0.34/100000，即在4.85／100000到4.17／100000之间，刚好是他所期望的数值。

1967年，迪克等人宣布自己的测量结果时所引起的轰动是可想而知的。一些人赞叹迪克等人理论的正确和观测的精密，似乎更多的人持怀疑态度，他们有根有据地对迪克等人的观测精度表示相反意见，认为这是不可能的。

一些有经验的科学家重新做了论证太阳扁率的实验，配备了口径更大、更精密的仪器，采用了更严密的方法，选择了更有利的观测环境，所得到的结果是太阳扁率小于1/100000，只及迪克所要求的1/5左右。结论是：太阳内部并不像迪克等人所想象的那样快速自转。退一步说，即使太阳赤道部分略为隆起而存在一定扁率的话，扁率的大小也是现在的仪器设备所无法探测到的。

企图在近期内从发现太阳的扁率，来论证太阳内核的快速自转，可能性不是很大。它将被作为一个课题，长时间地反映在科学家们的工作中。不管最后结论太阳是否真是扁球状的，或者太阳确实无扁率可言，都将为科学家们建立太阳模型，特别是内部结构模型，提供非常重要的信息和依据。

至于为什么太阳自转得那么慢，为什么太阳各层的自转速度各不相同，一些自转速度变化的规律又怎么样，这些都还是未知数，都还有待科学家们研究探索。

小知识大视野

太阳磁场是指分布于太阳和行星际空间的磁场。太阳磁场分大尺度结构和小尺度结构。前者主要指太阳普遍磁场和整体磁场，它们是单极性的，后者则主要集中在太阳活动区附近，并且绝大多数是双极磁场。

太阳为什么会收缩

通过望远镜获取的太阳资料

自1610年伽利略把望远镜指向天体之后，便结束了人类肉眼观天时代。380多年来，天文学家们获得了有关太阳的许多资料。

根据德国天文学家威特曼的测量，太阳的直径为139.2万千米，这是目前最精确的太阳直径测量值了。据说，他为了测量太

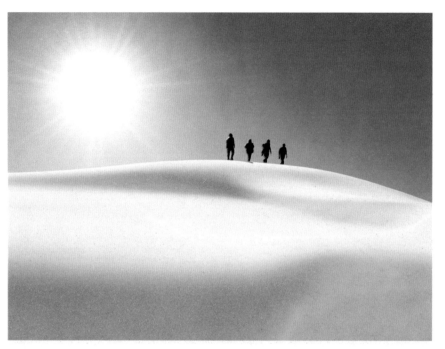

阳直径来到瑞士塔克尔诺天文台，利用针孔摄影机对准太阳望远镜焦点上的太阳像，进行了246次光电测量。你知道139.2万千米这个数值有多大吗？相当于109个地球直径之和，是太阳系八大行星直径和的3.4倍。

艾迪的看法

1979年，美国天文学家艾迪发表了一个耸人听闻的结论：太阳正在收缩。

他认为，过不了10万年，太阳将缩为一个小点。到那时候，我们地球上的白天将没有太阳。想想看，若是没有太阳将是一幅多么可怕的景象！

美国天文学家艾迪提出了"蒙德极小期"的概念，他认为在蒙德极小期之内，黑子的记录一次也没有，太阳活动很弱，太阳

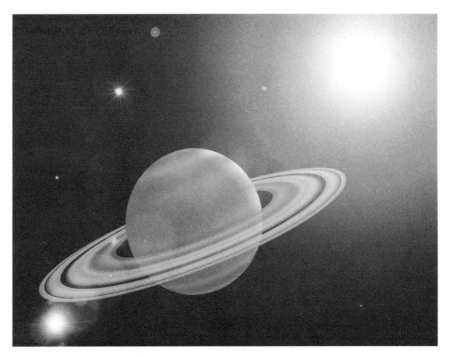

活动11年周期的脉搏也停止了。

自1610年使用望远镜观测太阳黑子以后，至19世纪中叶已经积累了大量观测资料。黑子的11年周期已为天文界所公认。

1843年，德国天文学家斯玻勒在研究黑子纬度分布时发现：1645年至1715年的70年间，几乎没有黑子记录。

1894年，英国天文学家蒙德在总结斯玻勒的发现时，把1645年至1715年这一时期称为太阳黑子"延长极小期"。

1922年他又撰文以极光记录的显著减小来论述存在黑子延长极小期的可能性。T19-3

艾迪的看法在天文学界引起了激烈争论，1979年艾迪也提出了更大胆的观点，即太阳正在收缩着，太阳直径差不多每年缩短1／850，太阳直径差不多每年缩短1647千米。按艾迪的计算，太阳到了一定时期也就消失了。

艾迪的研究

艾迪曾认真研究了英国格林尼治天文台从1836年至1935年的太阳观测资料，数据表明这117年间太阳直径不断收缩。他还研究了美国海军天文台从1846年以来的观测记录，得出结论同上面的结论一致。

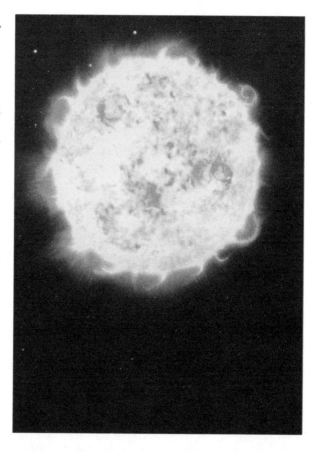

艾迪还认真研究了1567年4月9日的一次日环食。当时有人计算应是日全食，艾迪解释说，原来的太阳比现在大些，月亮遮不严太阳的光线，所以就出现了一个环。

科学家的证明

法国哥廷根天文台也保存了较完整的太阳观测资料。据科学家们的计算表明，太阳大小在200多年内变化不大，比起艾迪的数值要小得多。

天文学家还试图从水星凌日的材料证明艾迪的观点。根据42

次水星凌日的观测记录发现，300多年来，太阳非但没有缩小，还有增大的现象。此外，英国天文学家帕克斯还借助1981年日全食的机会进行了相关的观测，得出的结论也和艾迪相反。

1982年，美国科罗拉多高空观测所和萨里空间实验站的科学家们，精心研究了最近265年中水星绕太阳运动的资料，以及有关日食的资料，得出的结论是：太阳的直径并不固定，它一直在"颤抖"，其周期约为76年。太阳直径的最大与最小时可相差300千米。

1986年，法国一些天文学家又宣布了一项惊人的消息：根据太阳黑子资料的历史记录分析，在17世纪时，太阳的大小与今天不一样，300年以前的太阳直径比现在大了2000千米左右，而且那时候太阳的自转速度也比现在慢4％左右。

我国科学家的计算

1987年，中国上海天文台与美国海军天文台合作，将当年9

月27日的日全食资料与1715年的资料比较，结果表明太阳确有收缩，但只是艾迪数值的1/5，有些科学家从其他日全食资料来计算，也只有艾迪数值的1/10。

太阳会一直收缩下去吗？收缩的幅度到底有多大？科学家们观点还很不统一，需要进一步观测来证明。要想揭开这个太阳之谜，需要相当长的探索历程。

小知识大视野

上海天文台以天文地球动力学和银河系、星系天体物理为主要学科发展方向，拥有基线干涉测量、卫星激光测距、全球定位系统等多项现代空间天文观测技术是世界上拥有这些技术的台站之一。

日长为何有变化

日长的变化

20世纪50年代中期，原子钟的问世使人们惊奇地发现地球自转并不是完全均匀和绝对稳定的。日长有长期减慢、季节性周期变化和不规则变化这3种不同类型的变化。地球自转的长期减慢，使日长在一个世纪内要增长1毫秒至2毫秒。即1/1000秒至2/1000秒。这样说来，一天的时间在变长，虽然这样微小的变化是难以直接检验的，但是它的长期累积效应却是能够测量到的。

观测资料的利用

我们知道，日月食是可以准确地计算出来的，我们把历史上发生过的日月食计算出来后，与历史上的天象观测记录相比较就能发现问题。

例如，公元前181年3月4日的日全食，如果地球自转并不存在长期变化，推算到的全食带并不经过我国西汉时的长安。但据《汉书》记载，长安当时看到了日全食。这说明日长确有变化。推算结果与实际观测记录两者的差异正好反映了在这一段时间里地球自转长期变化的累积效应。

地球自转减慢的原因

许多科学家认为，近海地区潮汐摩擦引起的地球自转角动量逐渐减小是一个主要的原因。但是它的理论估算值比以上观测值要小，所以肯定还有别的因素影响着，可是这些问题都还没始终搞明白。

地球板块运动的影响

我国专家认为，地球板块运动对日长变长也有影响。上面说的对地球自转速率的测量都是在地面上进行的，但地球上每一个板块都在运动着，都呈现向西和向赤道漂移的趋向，这将会影响我们对日长变化的测量结果。看来，揭开日长变长这个谜还需要一定时间。

小知识大视野

　　日食一定发生在朔日，即农历初一。此时月球位于地球和太阳之间，但因地球轨道与月球轨道成5度9分交角，故并非每次朔日皆有日食发生，而日食发生时，日月两者皆一定在升交点或降交点附近发生。

黑洞是宇宙掠夺者吗

黑洞是什么

黑洞很容易让人望文生义地想象成一个"大黑窟窿"，其实不然。所谓"黑洞"，就是这样一种天体：它的引力场是如此之强，就连光也不能逃脱出来。

黑洞不让任何其边界以内的任何事物被外界看见，这就是这种物体被称为黑洞的缘故。我们无法通过光的反射来观察它，只能通过受其影响的周围物体来间接了解黑洞。虽然这么说，但黑洞还是有它的边界，即"事件视界"。据猜测，黑洞是死亡恒星的剩余物，是在特殊的大质量超巨星坍塌收缩时产生的。另外，黑洞必须是一颗质量大于钱德拉塞卡极限的恒星演化到末期而形成的，质量小于钱德拉塞卡极限的恒星是无法形成黑洞的。

黑洞其实也是个星球，只不过它的密度非常大，靠近它的物体都被它的引力所约束，不管用多大的速度都无法脱离。对于地球来说，以第二宇宙速度每秒11．2千米飞行就可以逃离地球。但是对于黑洞来说，它的第二宇宙速度之大竟然超越了光速，所以连光都跑不出来，于是射进去的光没有反射回来，我们的眼睛就看不到任何东西，只是黑色一片。

黑洞的形成

根据广义相对论，引力场将使时空弯曲。当恒星的体积很大时，它的引力场对时空几乎没什么影响，从恒星表面上某一点发的光可以朝任何方向沿直线射出。而恒星的半径越小，它对周围的时空弯曲作用就越大，朝某些角度发出的光就将沿弯曲空间返回恒星表面。等恒星的半径小到一特定值，天文学上叫"史瓦西半径"时，就连垂直表面发射的光都被捕获了。到这时，恒星就变成了黑洞。说它"黑"，是指它就像宇宙中的无底洞，任何物质一旦掉进去，"似乎"就再也不能逃出。实际上黑洞真正是"隐形"的。

那么，黑洞是怎样形成的呢？其实，跟白矮星和中子星一样，黑洞很可能也是由恒星演化而来的。

当一颗恒星衰老时，它的热核反应已经耗尽了中心的燃料——氢，由中心产生的能量已经不多了。这样，它再也没有足够的力量来承担起外壳巨大的重量。所以在外壳的重压之下，核心开始坍缩，直至最后形成体积小、密度大的星体，重新有能力与压力平衡。

质量小一些的恒星主要演化成白矮星，质量比较大的恒星则有可能形成中子星。而根据科学家的计算，中子星的总质量不能大于3倍太阳的质量。如果超过了这个值，那么将再没有什么力能与自身重力相抗衡了，从而引发另一次大坍缩。

根据科学家的猜想，物质将不可阻挡地向着中心点进军，直至成为一个体积趋于零、密度趋向无限大的"点"。而当它的半径一旦收缩到一定程度，正像我们上面介绍的那样，巨大的引力就使得即使是光也无法向外射出，从而切断了恒星与外界的一切联系——黑洞诞生了。

黑洞的本领

与别的天体相比，黑洞是显得太特殊了。例如，黑洞有"隐身术"，人们无法直接观察到它，连科学家都只能对它内部结构提出各种猜想。那么，黑洞是怎么把自己隐藏起来的呢？答案就是——弯曲的空间。我们都知道，光是沿直线传播的。这是一个最基本的常识。可是根据广义相对论，空间会在引力场的作用下弯曲。这时候，光虽然仍沿任意两点间的最短距离传播，但走的已经不是直线，而是曲线。形象地讲，好像光本来是要走直线的，只不过强大的引力把它拉得偏离了原来的方向。

在地球上，由于引力场作用很小，这种弯曲是微乎其微的。

而在黑洞周围，空间的这种变形非常大。这样，即使是被黑洞挡着的恒星发出的光，虽然有一部分会落入黑洞中消失，可另一部分光线会通过弯曲的空间中绕过黑洞而到达地球。所以，我们可以毫不费力地观察到黑洞背面的星空，就像黑洞不存在一样，这就是黑洞的"隐身术"。

更有趣的是，有些恒星不仅是朝着地球发出的光能直接到达地球，它朝其他方向发射的光也可能被附近的黑洞的强引力折射而能到达地球。这样我们不仅能看见这颗恒星的"脸"，还同时看到它的侧面甚至后背。

对黑洞的研究

黑洞无疑是20世纪最具有挑战性，也最让人激动的天文学说之一。许多科学家正在为揭开它的神秘面纱而辛勤工作着，新的理论也不断地被提出。根据爱因斯坦的能量与质量守恒定律。当物体失去能量时，同时也会失去质量。黑洞同样遵从能量与质量守恒定律，当黑洞失去能量时，黑洞也就不存在了。英国物理学家史迪芬·霍金预言，黑洞消失的一瞬间会产生剧烈的爆炸，释放出的能量相当于数百万颗氢弹的能量。

黑洞会发出耀眼的光芒，体积会缩小，甚至会爆炸。霍金于1974年做此理论时，整个科学界为之震动。黑洞曾被认为是宇宙最终的沉淀所：没有什么可以逃出黑洞，它们吞噬了气体和星体，质量增大，因而黑洞的体积只会增大。

霍金的理论是受灵感支配的思维的飞跃，他结合了广义相对论和量子理论。他发现黑洞周围的引力场释放出能量，同时也在消耗黑洞的能量和质量。当黑洞的质量越来越小时，它的温度会越来越高。这样，当黑洞损失质量时，它的温度和发射率增大，因而它的质量损失得更快。这种"霍金辐射"对大多数黑洞来说可以忽略不计，而小黑洞则以极高的速度辐射能量，直至黑洞的爆炸。

黑洞的毁灭

所有的黑洞都会蒸发，只不过大的黑洞沸腾得较慢，它们的辐射非常微弱，因此令人难以觉察。但是随着黑洞逐渐变小，这个过程会加速，以至最终失控。黑洞萎缩时，引力也会变陡，产生更多的逃逸粒子，从黑洞中掠夺的能量和质量也就越多。黑洞萎缩得越来越快，促使蒸发的速度变得越来越快，周围的光环变得更亮、更热，当温度达到10摄氏度至15摄氏度时，黑洞就会在爆炸中毁灭。

如果将宇宙比作一个无边无际的浴盆，那么黑洞就是这个超级浴盆的下水道。它那巨大无比的引力形成了一个极强的旋涡，任何靠近它的物质都会被吸进去。黑洞犹如一个神秘的监狱，它将所有的东西牢牢囚禁在里面，甚至连光线也无法逃脱。黑洞就像一个永远吃不饱的魔鬼，它不断地吞噬物质，将它们压碎，自己则慢慢地长大。

实际上，将宇宙比作一个浴盆是很恰当的。对于一个微小物体来讲，水管是一个房间的浴盆通向其他房间浴盆的唯一通道。而黑洞则是我们的宇宙与理论上可能存在的无数其他宇宙间联系的唯一路径。任何物理定律在黑洞中都全部失效，质量也非物质化。黑洞的边缘是个有去无回的界限，物质在被吸入时会发射出极强的X射线，如同临终前发出的绝望哀叹。也正是这绝望哀叹才使我们"看见"黑洞。

"黑洞"这个词是20世纪才出现的。美国物理学家约翰·惠勒为了形象地描述这种神奇的天体，于1967年创造了这个颇具神秘色彩的术语。惠勒把黑洞比作《艾丽丝漫游奇境记》中的坏女人，她只在临死前露出一丝微笑。"引力微笑"是恒星坍缩成黑洞或被另一个黑洞吞没时的唯一迹象。正是在"引力微笑"的指引下，我们得以在神奇的宇宙中去发现黑洞这个贪婪的掠夺者。黑洞为我们解答许多科学难题提供了线索，引导我们在没有边界、超越了时空概念的宇宙空间遨游。

小知识大视野

一个来自以色列特拉维夫大学的天文学家小组发现，宇宙中最大质量黑洞的首次快速成长期出现在宇宙年龄约为12亿年时，并非之前认为的20亿至40亿年。天文学家们估计宇宙目前的年龄约为137亿年。同时，这项研究还发现宇宙中最古老、质量最大的黑洞同样呈现非常快速的成长。

天狼星为何会变色

天狼星会变色吗

天狼星的亮度在天空中排行第六，所以天狼星也算是夜空中一颗比较明亮的星星了。但令人不可思议的是它的颜色。在古代的巴比伦、古希腊和古罗马的书籍里，记载的天狼星是红色的，但今天人们发现的天狼星却是一颗白色的星。天体历史学家们认为，是由于天狼星接近地平线的缘故。接近地平线的星球，呈现红色，就像朝阳和落日一样。

天文学家的异议

德国两位天文学家斯地劳瑟和伯格曼对这种传统的说法提出了异议。他们找出公元6世纪法国历史学家格雷拉瓦·杜尔主教写给修道院的训示手稿中有关于天狼星的记载。其中谈到天狼星是红色的，并且非常明亮。

科学家托马斯·杰斐逊在1892年重新提起了红色天狼星的问题。古罗马时代著名斯多亚学派哲学家塞内卡也把天狼星描述成暗红色的，还要比火星的颜色更深。虽然如此，并非所有的古代观测者都看到红色的天狼星，如公元1世纪诗人马卡斯把它描写为天蓝。在我国古代，白色是天狼星的标准颜色，早至公元前2世纪晚至公元后7世纪的若干记录都记述天狼星呈现着白色的光芒。

天狼星是一颗双星

1962年，美国天文学家克拉克已发现天狼星是一颗双星。主星称为天狼星A，是一颗普通的白星；伴星称为天狼星B，是一颗白矮星。天狼星的颜色是由天狼星B起主导作用。

从现有的星球演变理论得知，白矮星是天休中一种变化较快的巨星，它的前期阶段是红巨星。其后，大约需要几万年，它才变成一颗白矮星。

天狼星B的演变速度

令人惊讶的是天狼星B仅仅在2000年左右的时间里就从红巨星变成了白矮星，这在恒星演化史上却是绝无仅有的。照这个变化速度，

不久的将来，它会变成一个什么呢？不管怎样，天狼星的变色之谜和它的未来，还得靠科学家的探索才能得知。

小知识大视野

天狼星根据巴耶恒星命名法的名称为大犬座α星。在我国属于二十八星宿的井宿。天狼星是冬季夜空里最亮的恒星，天狼星、南河三和参宿四对于居住在北半球的人来看，组成了冬季大三角的3个顶点。

小行星会撞击大行星吗

小行星会撞击地球吗

科学家们对几种小行星和其他行星之间的相撞问题进行了研究。目前，已知有几十颗阿莫尔、阿金和阿波罗的小行星，它们的运行轨道处在火星、地球和金星的轨道范围内。

新西兰学者统计了直径在1000米以上的这类小行星的总数，考虑到行星的运行特点，从而测定了这些小行星与大行星相撞的平均概率。其实，同其他行星相比，地球与小行星的相撞概率会

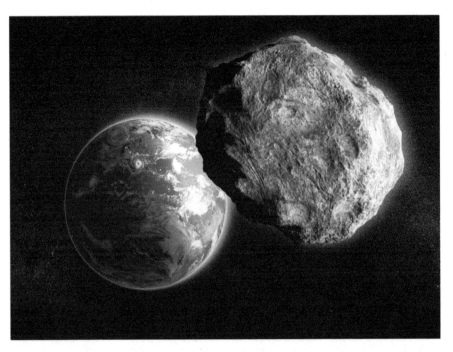

更高些，平均16万年发生一次；而金星平均30万年一次，火星平均150万年一次，水星平均500万年一次。

小行星的寿命有多长

当然，对除地球以外的行星来说，这种撞击几乎无关紧要，而对小行星来说则将了却自己的一生。运行轨道处在太阳系范围内的小行星的平均寿命是多少呢？只会同火星相撞的阿摩尔型小行星的平均寿命约为$3×10^9$年。运行轨道只横穿地球轨道的阿金型小行星的寿命总共只有$2.5×10^7$年。运行轨道横穿所有类地行星轨道的阿波罗型小行星的寿命约为10^8年。

不过，阿波罗型和阿摩尔型小行星有可能与大行星相撞，还可能与处在火星与木星之间的小行星带中的小行星相撞，从而更加缩短了这些小行星的寿命。

小行星的大威胁

近地小行星究竟距地球有多近呢？20世纪30年代，近地小行星频繁造访地球。1936年2月7日，小行星阿多尼斯星在距地球220万千米的地方掠过地球。1937年10月30日，赫米斯星更是让人惊叹，它跑到地球身旁的70万千米处。

天文学家认为，这些小行星在运行中遭遇什么不幸，如受地心引力作用等有可能会撞上地球。

也有天文学家认为，尽管有些小行星轨道并不与地球轨道完全重合，有一定的倾角，但由于小行星在大行星的摄动下，轨道会和地球轨道相交，与地球相撞也就并非耸人听闻。

恐龙灭绝碰撞说

小行星碰撞说认为，大约在6500万年前，一颗直径为千米左右的小行星与地球相撞，猛烈的碰撞卷起了大量的尘埃，使地球大气中充满了灰尘并聚集成尘埃云，厚厚的尘埃云笼罩了整个地球上空，挡住了阳光，使地球成为暗无天日的世界，这种情况持续了几十年。

缺少了阳光，植物赖以生存的光合作用被破坏了，大批的植物相继枯萎而死，身躯庞大的食草恐龙根本无法适应这种突发事件引起的生活环境的变异，只有在饥饿的折磨下绝望地倒下；以食草恐龙为食源的食肉恐龙也相继死去。

1991年，美国科学家用放射性同位素方法测得墨西哥湾尤卡坦半岛的大陨石坑直径约为180千米，陨石年龄约为6505.18万年。从发现的地表陨石坑来看，每百万年有可能发生3次直径为500米的小行星撞击地球的事件。更大的小行星撞击地球的概率就更小。

碰撞后的大灾难

恐龙在地球上消失了，同时灭亡的还有翼龙、蛇须龙、鱼龙等爬行动物，以及菊石、箭石等海洋无脊椎动物。

中生代末地球上有动植物2868属，至新生代初仅剩1502属。75％的物种灭绝了，这是真正的生物界的大毁灭。不仅如此，地动山摇的灾变对地质海洋和气候也都有着难以估量的影响。

碰撞后地质变动

地壳受到小行星猛烈冲击后，破坏了地壳构造的均衡性。当这种平衡被破坏后，地球必须重新调整，即一系列的造山运动和构造运动开始了。向南美板块挤压，形成美洲最高山，这就是地理上有名的喜马拉雅运动。

碰撞后气候变迁

气候格局的变动，使得生物分布也改变了，造就了一些生命力更强的哺乳类和鸟类。可见，环境的恶化对生物进化是一种催化剂，它虽然是恐龙时代的结束，却是高等动物出现的前奏。

我们的地球是在渐变和灾变演化过来的，但古生物和古地质在短时间发生的巨变现象，用渐变很难解释，沧海桑田，生物灭绝等翻天覆地的变化对地球而言，就是灾变。

宇宙天体碰撞学说

地球历史中所发生的重大事件都与碰撞密切相关，这些事件的爆发造成了地球环境的灾变，从而导致生物的大规模绝灭。这种绝灭又为生物进一步进化铺平了道路，一些生命消失了，另一些生命诞生了，也进化了。星系间为什么会大碰撞，这是个复杂的论题，要涉及质量、速度、能量、磁场、核变、力学等等方面的理论，也许还有我们人类现在还没有认识到的知识。

简单地说，碰撞后的宇宙，有能量逃逸阶段和能量聚集阶段的两种时期。发生碰撞后，对本碰撞群体来讲，主要是能量逃逸阶段，碰撞前及碰撞时聚集的强大能量，使碰撞单元发生大爆炸，能量开始大量散发和逃逸。

由于相互力的作用，尘埃（包括碰撞时产生的小天体等）物质大量开始向中心部位聚集；有的天体挣脱了碰撞核心的约束，逃向浩瀚苍穹；有的天体被约束到了碰撞核心系统的空间，并逐渐获取了大量的质量物质。两星系的碰撞会打破周边星系力的平衡，因而很可能会导致更大空间的碰撞，乃至整个宇宙，这就是我们说的宇宙大碰撞。碰撞后产生的新生星系，根据碰撞速度和规模可能会生成多个星系。

小知识大视野

阿莫尔型小行星是近地小行星的子类之一，该分类以小行星1221的名字"阿莫尔"来命名。这些小行星的近日点均在地球轨道以外，不会威胁到地球。

图书在版编目（CIP）数据

天体观测之窗/高立来编著. —武汉:武汉大学出版社,2013.6（2023.6
重印）

（天文科学丛书）

ISBN 978-7-307-10791-5

Ⅰ.天… Ⅱ.高… Ⅲ.①天文观测–青年读物 ②天文观测–少年读物
Ⅳ.P12–49

中国版本图书馆 CIP 数据核字（2013）第 100682 号

责任编辑:刘延姣　　　责任校对:夏　羽　　　版式设计:大华文苑

出版发行:**武汉大学出版社**　　（430072　武昌　珞珈山）
　　　　　　（电子邮箱:cbs22@whu.edu.cn 网址:www.wdp.com.cn）

印刷:三河市燕春印务有限公司

开本:710×1000　1/16　　印张:10　　字数:156 千字

版次:2013 年 7 月第 1 版　　2023 年 6 月第 3 次印刷

ISBN 978-7-307-10791-5　　定价:48.00 元